爱因斯坦讲堂

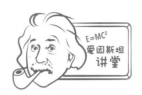

这才是真正的宇宙

[英] 安德鲁 · 里奇韦（Andrew Ridgway） 编著
孙琳 译

中国画报出版社 • 北京

图书在版编目（CIP）数据

这才是真正的宇宙 /（英）安德鲁·里奇韦编著；孙琳译. -- 北京：中国画报出版社, 2017.6（2020.7重印）

（爱因斯坦讲堂）

书名原文: Wonders of the Universe

ISBN 978-7-5146-1475-6

Ⅰ. ①这… Ⅱ. ①安… ②孙… Ⅲ. ①宇宙–少儿读物 Ⅳ. ①P159-49

中国版本图书馆CIP数据核字(2017)第041568号

北京市版权局著作权合同登记号：图字 01-2017-3592

这才是真正的宇宙 　　　　　　　[英]安德鲁·里奇韦（Andrew Ridgway）编著 　　孙琳 译

出　版　人：于九涛

策划编辑：赵清清

责任编辑：于九涛

助理编辑：朱露茜 赵清清

装帧设计：艾　青

责任印制：焦　洋

出版发行：中国画报出版社

　　　　　（中国北京市海淀区车公庄西路 33 号 邮编：100048）

开　　本：16 开（787mm×1092mm）

印　　张：13.5

字　　数：110 千字

版　　次：2017 年 6 月第 1 版　2020 年 7 月第 4 次印刷

印　　刷：保定市正大印刷有限公司

定　　价：72.00 元

总编室兼传真：010-88417359 版权部：010-88417359

发 行 部：010-68469781　010-68414683（传真）

前　言

　　在古代，人们认为太阳围绕地球旋转，宇宙由四种元素构成。时至今日，人类已经走过漫漫长路。我们能治愈曾经夺走数百万人生命的疾病，我们能比声波更快，我们能随时随地与他人通信。我们甚至开始讨论在火星建立居住地。但在我们为全人类取得的进步沾沾自喜之前，不要忘了科学界还有很多尚待解开的谜题。

　　这正是《这才是真正的宇宙》的内容。在这本书中，从地球生命起源到神秘的暗物质、暗能量，你会读到科学研究最活跃领域的前沿发展，你还将了解我们如何解开古代世界的最大谜题。我们会一览消失的文明、无人能懂的语言、宇宙深处的神秘现象以及人体内同样神秘的现象。你会发现，"我们为什么做梦？""我们为什么睡觉？"这样看似无趣的问题实则暗藏诸多奥妙。

　　科学带领我们走过这段漫漫长路，但这一过程依然道阻且长。让我们开启这一段有趣的旅程吧！

Andrew

安德鲁·里奇韦（Andrew Ridgway）

Andrew.ridgway@futurenet.com

@SciUncovered

目 录

54

18

48

第一章 神秘的宇宙

002　宇宙的起源

007　宇宙的黑暗时期

012　违反直觉的宇宙

014　宇宙的形状

016　膨胀中的宇宙

019　今天的宇宙

024　宇宙的灭亡

026　黑洞：无法逃脱

030　创造之柱：
　　　孕育恒星的温床

032　暗能量

036　你问我答

第二章 宇宙中的生命

046　来自星星的细菌孢子

052　地球之外的生命

054　外星生命：远观与近看

060　流浪行星上的生命

067　寻找遥远的卫星

076　你问我答

第三章 恒星

080　恒星的生命周期

086　我们的恒星

088　星座

092　宇宙中的云

094　辨别夜空中的恒星

098　观星新仪器

100　星系：天体大联盟

102　光的踪迹

104　你问我答

第四章 太阳系

110　太阳系的诞生

116　太阳

118　关于太阳的十大误解

124　水星：
　　　离太阳最近的行星

126　金星：
　　　地球的邪恶双子星

129　地球：生命的摇篮

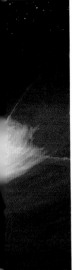

188

82

198

28

132　不断变化的地球

134　月球：坑坑洼洼的表面

136　火星的两面

139　开启火星之旅

145　小行星带

148　木星：太阳系中的国王

150　土星：光环围绕的世界

152　向卫星进发

158　天王星：倾斜的行星

162　海王星：
　　　下钻石雨的行星

164　柯伊伯带

166　奥尔特云

169　寻找被遗漏的神秘行星

180　你问我答

第五章 科幻小说与科技

186　虫洞与星际之门

188　时空之旅：回到未来

190　摧毁行星的死亡射线

194　"睡神号"已着陆

196　遇见彗星

198　太空探险机器人

201　致命音室

202　国际空间站：
　　　太空上的合作

207　你问我答

12

42

40

10

26

16

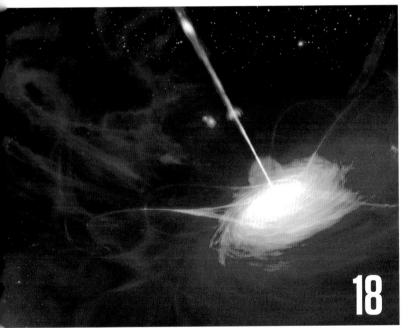

18

02

1 神秘的宇宙

002　宇宙的起源

007　宇宙的黑暗时期

012　违反直觉的宇宙

014　宇宙的形状

016　膨胀中的宇宙

019　今天的宇宙

024　宇宙的灭亡

026　黑洞：无法逃脱

030　创造之柱：孕育恒星的温床

032　暗能量

036　你问我答

35

宇宙的起源

大约在 138 亿年前，在一个极速到难以想象的瞬间，在一个温度高得难以想象的环境中，宇宙和时间倏然诞生。

对于宇宙如何起源的问题，天文学家们提出了一个让人难以置信的设想。根据对现有宇宙运动的观察，天文学家认为宇宙起源于 138 亿年前的一场叫作"大爆炸"的事件。虽然"大爆炸"三个字听上去十分轰动，但其实并不恰当。宇宙诞生之前，太空正如其名"太空"一样，空空如也，一片虚无，谈不上有爆炸发生。我们无法去追问在大爆炸之前究竟发生了什么，因为在此之前，连时间都不存在，大爆炸可能到处都是，因为所谓的"到处"也只是爆炸最开始的那一个小到不能再小的点罢了。

这个略显诡异的情境告诉我们，最初的宇宙可能是一个密度极其高的火球，里面包含的东西不符合我们今天的认知——一个我们的物理知识体系无法解释的状态。这个极其迅速的瞬间被称为"普朗克时期"（Planck Era），它的名字来自德国理论物理学家马克斯·普朗克（Max Planck）。在这一瞬间，宇宙仅用一万亿分之一秒就膨胀到之前的一万亿倍大。宇宙学家认为，在不超过一百万分之一秒的时间内，温度骤然下降（从 10^{34} 摄氏度降到相对较低的 10 万亿摄氏度），而宇宙就从密度无限大体积无限小的

物质发展成为一团直径约为一百亿千米的物质。自然界最根本的力量——强相互作用、弱相互作用、电磁力和引力，也一一向外界涌出。

最初的能量融合形成了炽热的等离子汤，里面包含着基本粒子和反粒子。这些粒子之间的相互作用产生了最早的质子、中子以及其他粒子。

等离子汤

最初的能量融合形成了炽热的等离子汤，里面包含着基本粒子和反粒子。这些粒子之间的相互作用产生了最早的质子、中子以及其他重粒子。在 100 秒内，宇宙已经扩张到几百光年开外了，而宇宙中所有氦的核在这时已经形成。在这个异常活跃的开端之后的几千年内，宇宙都在无休止地扩张，虽然温度一直在下降，但这时候一切物质都太过活跃，粒子的结合时间非常短，远远不能达到原子产生所需要的时长。

直到宇宙大爆炸过去了 300000 年，温度降到 2500 度左右时，质子

宇宙所处的状态

我们的宇宙可能会经历一次"宇宙大坍缩"（Big Crunch）。

在 20 世纪上半叶，出现了与大爆炸理论相对的"稳定状态"理论，这个理论认为宇宙始终都存在并不断扩张，新物质随着扩张而不断产生。不过由于已经探测到了大爆炸留下的微弱回声——宇宙微波背景辐射，这一理论已经彻底站不住脚了。此后，一些新的设想出现了，提出宇宙现在正在持续扩张，然后又会经历一次"大坍缩"。

这一设想的延伸理论认为，我们可能处在一个多元宇宙（multiverse），在这个多元宇宙中，很多个彼此独立的宇宙共同出现，共同扩张，就像气泡一样。这一理论的拥护者之一罗杰·彭罗斯爵士（Sir Roger Penrose）相信，在宇宙微波背景（大爆炸后遗留的辐射）中观测到的一些同心圆结构或许是我们的宇宙与其他平行宇宙相撞后留下的"撞伤"。目前暂时发现了四个这样的同心圆，不过现在人们对同心圆结构是否存在还有许多争议，一般观点都认为，微波背景辐射数据中发现的这些图案并不真的存在。

罗杰·彭罗斯（Roger Penrose）爵士认为，宇宙背景辐射数据中发现的环状团证明宇宙和其他平行宇宙发生了碰撞

和原子核才能与电子相结合，形成第一个原子。从最初的混沌状态到这一时期，第一个质子在宇宙中产生了，它像一个微弱的光点，如果在今天被观测到，它会被称作宇宙微波背景辐射（cosmic microwave background radiation）。但此时离第一批恒星和星系诞生，还需要等上几千万年。

虽然大爆炸理论和我们的常识以及理性思维似乎背道而驰，但我们今天可以发现很多证明它合理的线索，就好像在犯罪现场搜集到各种法庭证据一般。将近一个世纪以前，在天文学家首次发现银河系外还有其他存在恒星的星系后，他们又发现这些星系彼此之间正离得越来越远。透过望远镜可以看到化学元素的印记脱离了本来的位置，正向着光谱的红色一端移动。

在20世纪20年代，美国天文学家爱德文·哈勃（Edwin Hubble）成为首个证明天空中许多絮状天体其实是其他星系的科学家。哈勃后来又发现18个星系中有"红移"现象，并解释了这一现象发生的原因。他证实"红移"现象表示行星正在后退。移动的幅度越大，说明星系后退的速度越快。

> "红移"现象表示行星正在后退。移动的幅度越大，说明星系后退的速度越快。

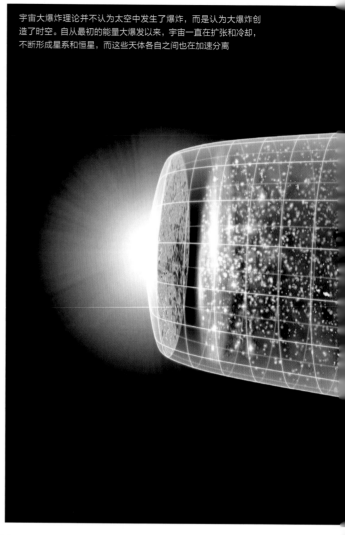

宇宙大爆炸理论并不认为太空中发生了爆炸，而是认为大爆炸创造了时空。自从最初的能量大爆发以来，宇宙一直在扩张和冷却，不断形成星系和恒星，而这些天体各自之间也在加速分离

不断改变的
宇宙形状

在过去100年中，物理学界和宇宙学界为许多伟大的科学家以及他们关于宇宙的理论提供了广阔的舞台。

1920

1920年，天文学家哈罗·沙普利（Harlow Shapley）和希伯·柯蒂斯（Heber Curtis）之间发生了一场"大辩论"（沙普利—柯蒂斯之争，Great Debate）。沙普利认为旋涡星云存在于我们的银河系中，而柯蒂斯反驳称，旋涡星云是银河系外的独立星系。

1927

乔治·勒梅特是一位比利时天文学家和牧师，他根据自己在剑桥大学和哈佛大学位于马萨诸塞州的天文台的研究，提出宇宙正在膨胀的观点，并且预测出了宇宙目前膨胀的速度。

1929

美国天文学家爱德文·哈勃用加利福尼亚州威尔逊山（Mount Wilson）天文台的一台2.5米长的望远镜观察了18个星系。他断定，这些星系正在往宇宙外围"后退"，并且星系离地球越远，移动的速度越快。

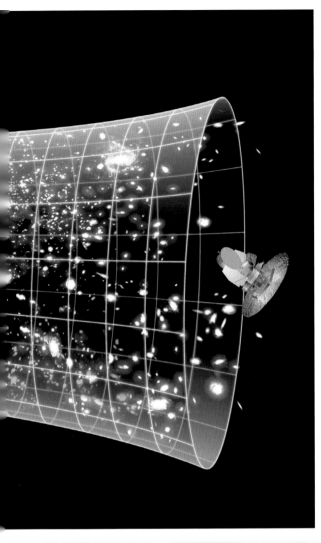

阿尔伯特·爱因斯坦（Albert Einstein）的广义相对论预测宇宙一定正在扩张或者收缩，因此，宇宙的大小不可能保持固定。所以哈勃的这一发现让爱因斯坦感到很开心。为了让哈勃的理论更适应当时流行的静态宇宙理论，爱因斯坦曾改动了理论中宇宙常数的几个数字，但哈勃的观测结果表明他一开始就是正确的。

瞬间膨胀

比利时天文学家乔治·勒梅特（Georges Lemaître）在1927年提出，宇宙最开始是一个原子粒子的瞬间膨胀。爱因斯坦最初认为这个理论"糟透了"，但后来又赞美它"非常出色"，"全面地解释了宇宙起源的问题"。

1948年，美籍俄裔天体物理学家乔治·伽莫夫（George Gamow）提出，宇宙大爆炸的"回声"依然以背景辐射的形式存在着。最终于1964年，天文学家阿诺·彭齐亚斯（Arno Penzias）和罗伯特·威尔逊（Robert Wilson），在扫描太空寻求微弱的无线电信号时，偶然发现了这一"回声"。他们一开始还以为是望远镜上又落了鸟粪才出现此异常情况，后来才发现那是宇宙微波背景辐射造成的影响，这一发现使两位科学家在1978年获得了诺贝尔奖。这一理论最近遇到的问题是微波背景中检测到的温度波动似乎与膨胀宇宙的理论相悖，因为从大范围来说温度应该是恒定的。

保罗·萨瑟兰（Paul Sutherland）

1948

弗雷德·霍伊尔（Fred Hoyle）是英国剑桥大学的一位理论天体学家，他提出宇宙稳定状态理论。与大爆炸理论正好相反，他认为宇宙无始无终。不过讽刺的是，居然是他给对立理论起了"大爆炸"的名字，从此这个名字就一直没有变过。

1948

在美国，宇宙学家乔治·伽莫夫和他的学生拉尔夫·阿尔菲（Ralph Alpher）推测，宇宙大爆炸后的物体发出的光至今依然以背景辐射的形式存在着，并且可以通过无线电频谱的微波波段探测到。

1964

无线电天文学家罗伯特·威尔逊和阿诺·彭齐亚斯发现在使用新泽西州霍姆德尔镇（Holmdel, New Jersey）的新天线时，受到了一种持续的干扰。在排除了鸽子粪便的影响后，他们发现自己探测到了宇宙微波背景辐射。

1989

为了测量宇宙早期产生的散射式红外线和微波辐射，美国国家航空航天局（NASA）发射了宇宙背景探测者（Cosmic Background Explorer）卫星。这一人造卫星对图示光亮区域的探测结果几乎与宇宙大爆炸理论相符。

2013

在21世纪初期，NASA的威尔金森微波各向异性探测器（WMAP），以及欧洲航天局随后在2009至2013年使用的普朗克太空望远镜，制成了更加详细的宇宙微波背景图像。普朗克望远镜断定宇宙的年龄为138亿岁。

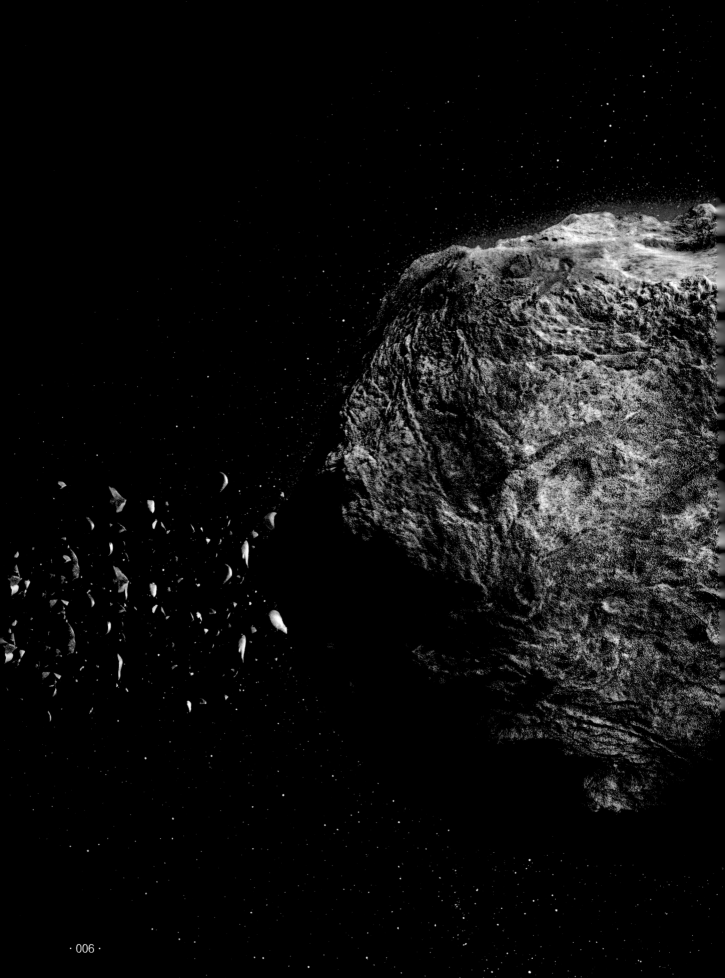

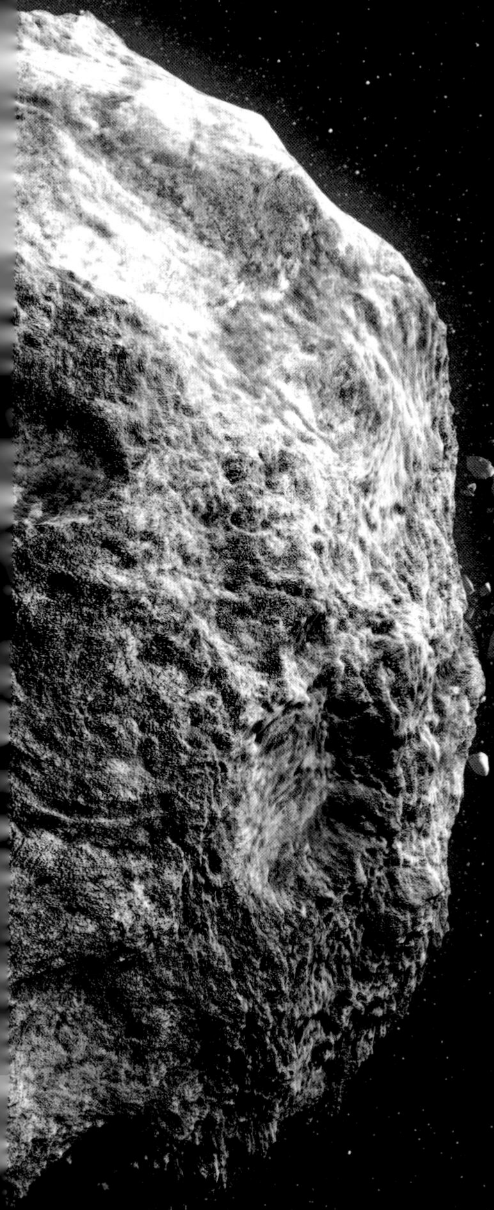

宇宙的黑暗时期

天文学家正试着填补宇宙历史中遗失的一段关键时期。但是在一段完全被淹没在黑暗的时期中，我们又如何看清这一切呢？

今年早些时候，天文学家发现证据，表明在大爆炸发生后的 $1/10^{36}$ 秒内，宇宙发生了迅速扩张。一台位于南极、叫作 BICEP2 的望远镜，在宇宙微波背景上发现了涟漪状的纹路，这为宇宙在最初诞生时就被撕裂的理论提供了有力证据。

BICEP2 的例子说明，即使天文学家并不能直接探测到任何大爆炸发生后 370000 年以内的物质，要探测宇宙开端最初几秒的历史，还是有可能的。从宇宙初创到第一个恒星和星系诞生，经过了一亿年，宇宙在这段时期几乎被淹没在黑暗之中。这段"黑暗时期"背后就藏着早期星系形成的秘密。

由于光的传播需要一定时间，这说明我们越是探索到宇宙深处的角落，我们身处的时空就越久远。因此，天文学家根本不需要猜测宇宙的历史到

底有多长，他们用望远镜就可以观测出来。天文学家推算出宇宙的年龄大约 138 亿岁，半径范围是 460 亿光年左右（并且仍在不断扩大），它的生命始于一场温度极高、密度极大的"大爆炸"。

为了推算出宇宙诞生初期的细节，科学家无法直接观测，于是转向研究自然界中力相互作用的方式，以及亚原子粒子的运动方式。大爆炸后宇宙迅速膨胀（先前只是猜想，随后已经被 BICEP2 证实）的短短一段时间，造成了早期宇宙的高度均质性[1]。

最初的"膨胀时代"结束后，宇宙一直在扩大、冷却。终于，在分子组成的"原生汤"之外，最初的质子和中子产生了，并且最后形成了简单原子的原子核，如氢原子和氦原子。之后，经过了 377000 年，宇宙的温度终于低到能够让原子核与电子结合，

[1] 宇宙论的一种假设，认为在宇宙的更大尺度范围内，物质是分布均匀的。——译者注

1 普朗克时期

宇宙学家把宇宙最早的时期称为普朗克时期，也就是大爆炸后的 0 到 10^{-43} 秒。这一时期，宇宙的温度之高、密度之大，是我们无法想象的。并且这时自然界的四种力结合形成了单一的"超级力"。

2 大一统时期

大爆炸后的 10^{-43} 到 10^{-36} 秒，引力和强核力从其他力中分离出来。这一时期，一种叫作"夸克"（quarks）的分子形成了，我们今天看到的物质对反物质的支配地位也在那时产生了。

3 膨胀时期

大爆炸后的 10^{-36} 到 10^{-32} 秒，宇宙似乎经历了一段极其迅速、呈指数增长的膨胀时期。形成这一神秘膨胀现象的原因尚未得知，但它能够解释为何宇宙从各个方向上看都是一样的。

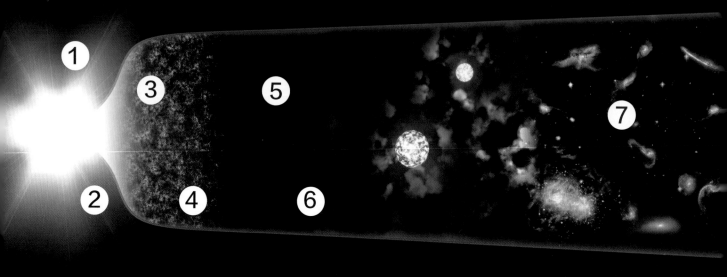

4 太初核融合（Nucleosynthesis）

大爆炸后的 10^{-32} 秒到 377000 年，宇宙的温度和密度持续下降，其他两个基本力也分离了出来，原子核形成。这一时期的宇宙有 75% 由氢组成，25% 由氦组成。

5 复合时期

大爆炸后的第 377000 年，宇宙的温度低到足以使电子和原子核形成原子。光开始传播，当时的光至今都能在宇宙微波背景中被探测到。从这个时期开始，我们能够直接观测宇宙了。

6 黑暗时期

从复合时期一直到大爆炸后的 4 亿年间，宇宙一直被黑暗包围。这时恒星和星系都尚未形成。一直到宇宙微波背景释放出光子、最初的恒星诞生之前，宇宙都处在这样一个"黑暗时期"。

于是奇妙的一幕上演了：刹那间，光和物质不再相互作用。光终于能在宇宙中传播了。

大爆炸后遗留的辐射依旧在宇宙中传播着。我们把它称作宇宙微波背景（CMB），它就是 BICEP2 望远镜在 2014 年早期发现涟漪状纹路的地方。

黑暗时期

在宇宙微波背景释放出光子到新生恒星发出第一道光芒之间的这段时期，宇宙度过了一段惨淡的"黑暗时期"。但这段时期并不是什么都没有发生。在这几亿年中，分子"原生汤"中形成了很多天体，我们至今还能在宇宙中观测到。但这个过程到底是如何进行的，目前对天文学家们来说还是一个谜团。

我们身处的世界主要是由"中性"原子构成的，也就是说质子和电子之间保持着平衡。宇宙微波背景释放出的所有物质也是中性的。但今天的宇宙大部分都是由"离子"组成的，离子就是质子和电子数量不平衡的原子。宇宙微波背景的观测结果向我们揭示，在黑暗时期的末端，中性的氢原子一定发生了电离反应。天文学家推断，这是因为最初形成的一群恒星向宇宙空间释放了紫外线辐射，使得中性原

黑暗时期的中性氢原子在电磁波谱的无线电波段形成微弱的光。

宇宙的演变

黑暗时期是宇宙在演变成我们如今所见的过程中迈出的重要一步。

7 再电离时期

大爆炸发生了5亿年之后，最初的恒星和星系才开始形成。它们发出强烈的紫外线，最终使宇宙中大部分氢离子都发生了电离反应。这个时期，我们今天看到的宇宙的模样已经形成。

8 太阳系

46亿年前，尘埃分子聚合在一起形成分子云，太阳系便由此形成。随着分子云的中心质量不断变大，温度也随之升高。分子云的能量越积越多，于是就产生了太阳。

详解宇宙微波背景

能够揭露早期宇宙模样的光。

宇宙微波背景（CMB）是大爆炸时期遗留下来的辐射。它在宇宙温度降到3500开氏度以下时被释放。这个时候，原子核才能够与电子结合，让光子能够自由移动。今天，宇宙的持续膨胀拉长了光子的波长，把光子移到了电磁波谱的"微波"频段。通过宇宙微波背景，我们可以一窥在大爆炸发生后约370000年内宇宙的模样。即使宇宙微波背景中有轻微的波动，但那时的宇宙依旧相当稳定，并最终发展成我们今日看到的宇宙。宇宙微波背景的存在说明宇宙中的物质比我们想象的多得多，用普通原子来计量是远远不够的，这就意味着暗物质的存在。宇宙中的能量单单用物质来计量亦是远远不够的，这就意味着暗能量的存在。

子中的电子变得活跃，最终让整个宇宙都发生了电离反应。

所有这一切都发生在宇宙光线还很微弱的时候。不过幸好，黑暗时期并不是完全漆黑一片。如果中性氢原子中的电子改变了方向，氢原子就会释放出少量的能量。虽然这种情况很罕见，但黑暗时期产生了大量中性氢原子，这些原子能在电磁波谱的无线电波段形成微弱的光，波长为21厘米。天文学家对这道微光寄予了厚望，希望它就是让黑暗时代落下帷幕的因素。

然而，由于宇宙的体积自诞生以来扩大了1000倍，这些光子到达地球时的波长将达到210米。黑暗时期末期，光子被释放出时波长只有几米，但光子随着宇宙的膨胀被拉伸了。这一长波长谱在地球上常被用于生成电视、广播以及手机信号。为了揭开黑暗时代的神秘面纱，科学家正在筹备着革命性的新型望远镜。通过不同的波长对太空进行扫描，他们希望得到中性氢原子辐射状况的三维立体图，从而了解这些原子在这段空缺

我们尚未揭开的黑暗时期的谜团

这些难题依然困扰着当代天文学家们。

为何星系中央存在黑洞

包括银河系在内，所有星系在中心地带都有一个超重黑洞。即使是宇宙中最古老的星系，也没有例外。目前，对于这类巨大黑洞如何能在大爆炸后这么快的时间内形成，天文学家还感到疑惑不解。

电离反应是怎么发生的

许多天文学家都相信，最早期的恒星的诞生使得宇宙黑暗时期中的中性氢原子发生了电离反应。但也有另一种可能——或许是最早的黑洞在新生星系中形成时释放的能量让氢原子电离化了。

最早的恒星是什么样的

一些研究表明，宇宙中第一代恒星与今天我们所看到的大不相同。它们的体积可能要比今天大得多，燃烧的速度更快。但在天文学家真正能近距离观察黑暗时期、发现最古老的恒星之前，这依然是个谜。

位于南极的暗区实验室（Dark Sector Lab）存放着发现宇宙微波背景的 BICEP2 望远镜

的历史中是如何发展变化的。在推演出早期宇宙结构形成的历史，以及我们今天见到的恒星、星系和类星体（quasar）的起源的工作中，这样一幅图像能够为我们提供许多宝贵的信息，也许还能解决天体物理学家最头疼的一些问题。

中性氢原子辐射状况的图像应该包含着宇宙在混沌时期的物质分布信息，因而或许能提供比黑暗时期更早的时期的线索。此外，它也许还能揭露宇宙中密度小幅波动的细节，正是这些密度的变化才导致后来星系的形

成。通过对黑暗时期进行揭秘，天文学家希望最终能够了解宇宙是如何从"原生汤"中构建起来的，并且能够得出一些宇宙学基本问题的答案。

这样的任务毫无疑问是十分艰巨的，它面临着诸多困难：来自中性氢原子的信号非常微弱，还经常被地球的无线电信号掩盖，也会被地球的电力层扭曲。此外，银河系本身也会释放中性氢原子，信号比来自黑暗时期的中性氢原子强 10000 倍。

但困难并不是无法克服的，已经有一些非常先进的设备被用于研究中了。例如位于澳大利亚西部的默奇森广域阵列（the Murchison Wide-field Array, MWA），其由 8000 个无线电天线组成，占超过 1.5 千米宽的区域。这个设备已经开始收集数据，以绘制长波长中性氢原子信号强度的图像。另一设备叫低频阵列（Low Frequency Array, LOFAR），待建成后，它的核心无线电天线将位于荷兰，同时还有其他站点，遍布欧洲各地。

BICEP2 望远镜在宇宙微波背景中探测到了涟漪状印记

用平方千米列阵中的望远镜观测宇宙的黑暗时期，得到的视野是最清晰的

新技术

或许，最有希望解开黑暗时期面纱的设备，是平方千米阵列（Square Kilometre Array，SKA）。像它的名字一样，这个目前正在建造中的巨型望远镜，收集数据的范围能达到1平方千米，灵敏度将达到现有望远镜的50倍。

SKA望远镜总共有将近4000个无线电天线，分布地点包括澳大利亚西部一直到非洲南部。这些天线都会通过光纤和一台巨型超级计算机建立联系。但SKA要到2022年才能建成。

虽然在我们有生之年，宇宙学和天体物理学有了长足进步，但我们依然没有解开宇宙最大的谜团：最初的星系是如何从冰冷的氢气云中形成的？恒星形成的时候，生命刚刚起步的宇宙里究竟发生了什么？答案就在那里，只是我们看不清它的全貌罢了。

阿拉斯泰尔·冈恩博士（Dr Alastair Gunn）

借助先进的望远镜回到过去

《观星指南》的马克·汤普森（Mark Thompson）谈他对宇宙历史的看法

天文学家在遥望宇宙时，其实也是在遥望过去，因为远处的光要到达地球需要一定的时间。如果用肉眼看，即使是离我们很近的美丽的仙女座星系，也有230万光年的距离。使用15厘米望远镜，你就能够看到一些光线较为微弱的天体，例如距离地球24亿光年远的3C273星系。通过研究像3C273星系这类的天体，我们能够推导出它们运动的方向和速度，从而得出宇宙正在扩张的结论。

违反直觉的宇宙

以为自己已经了解宇宙究竟有多大？再想想吧……

宇宙的年龄足足有 138 亿岁，这远远超出了我们的想象。但可观测宇宙的大小是 470 亿光年，而不是 138 亿光年，这是因为宇宙空间一直在膨胀。天文学家爱德文·哈勃在 1929 年已经通过分析遥远天体中光谱的线条证实了宇宙确实一直处于膨胀之中。如果某一光源正在向远方移动，那么光谱线条会移向红色一端，这种现象被称为"红移"。今天的天文学家们会定期通过哈勃太空望远镜观测红移现象。

蒂姆·哈德维克
(Tim Hardwick)

宇宙的扩张

想象你拿着马克笔在一个气球上面若干点，然后再把气球吹大。当你给气球吹气的时候，注意观察气球上点与点之间的距离是如何越来越远的。这个膨胀的气球就像一个迷你的宇宙。宇宙中的天体原本是静止的，是宇宙自身一直在往外延伸。那么，宇宙究竟要膨胀到什么地步呢？这就是另外一个问题了……

有关范围的问题

如果宇宙正在扩张，那么为什么地球没有扩张呢？为什么你认为地球没有膨胀？地球的膨胀被引力和强相互作用力掩盖了，这两种力在相对较小的范围内，把物质都集中起来。但如果天文学家从很远很远的距离遥望地球，还是可以通过光的波长随着膨胀被拉伸，从而使光改变颜色这一现象感受到地球的膨胀。

宇宙有边缘吗？

有些科学家认为宇宙是无边无际的。如果真是这样，宇宙就没必要扩张了。还有科学家相信宇宙有边际，所以如果你在宇宙中一直朝着同一个方向走，你会发现到最后又会回到当初的起点，就好像在一个球体上运动一样，要知道，时空是弯曲的！

宇宙的形状

宇宙的几何结构告诉我们它如何形成、如何存在、如何灭亡的过程。这是天文学中最难理解的几个概念之一，但也引发一些非常有趣的理论。

2001年夏天，美国宇航局（NASA）发射了威尔金森微波各向异性探测器（WMAP），一艘专用于测量宇宙大爆炸辐射热的宇宙飞船。威尔金森发回了一张宇宙仅为380000岁时的照片，以供科学家测量其中的数据，之后科学界推断，关于宇宙形状最有名的理论之一——平坦宇宙论，可能是对的。

平坦宇宙又被称为欧几里得宇宙，也就是没有界限、理论上可以无限扩张的空间。"说它平坦，只是用了一个二维概念进行类比，"法国巴黎第六大学（UPMC-Sorbonne university）巴黎天体物理学研究院（Paris Institute of Astrophysics）的约瑟夫·西尔克（Joseph Silk）教授这样解释道："我们的意思是平行线在欧几里得空间里始终都是平行的。这个二维的类比物是一个平面，一张无限延伸的纸。在它的表面你可以画出永不相交的两条平行线，但在球体上这两条线就一定会在某一点相交。"

但这只是其中一种设想。另一种设想是，如果换一种形状，平坦宇宙也有可能有边际。"你可以把那一张无限延伸的纸卷起来，做成一个圆筒，再把这个圆筒的两端对接，形成一个中空的圆环，"西尔克教授说道："这个圆环的表面仍然在空间上是平坦的，但它有了边际。所以平坦宇宙有两种可能：第一是像平面一样无边无际，第二是像中空圆环一样有边际，并且也是平坦的。"

安德鲁·凯利（Andrew Kelly）

平坦宇宙是一个没有界限、理论上可以无限扩张的空间。

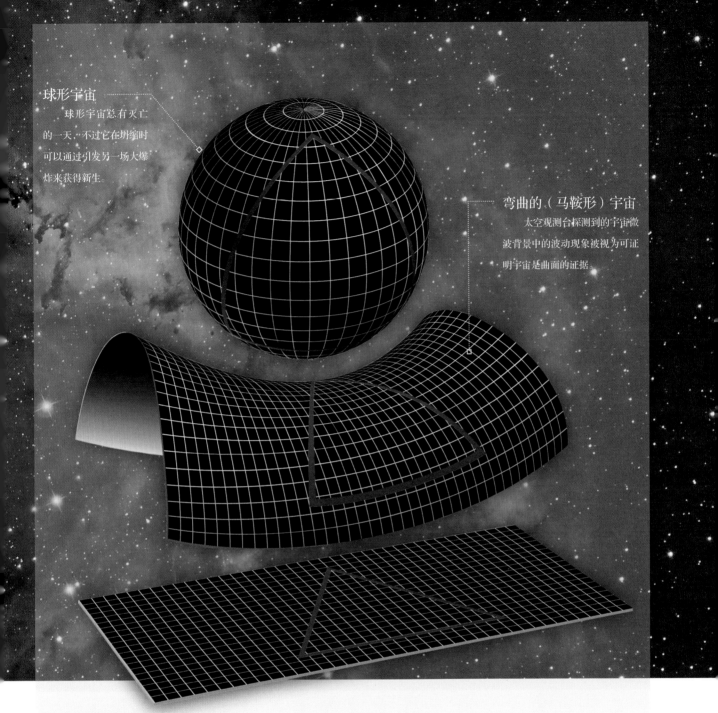

球形宇宙
球形宇宙总有灭亡的一天。不过它在坍缩时可以通过引发另一场大爆炸来获得新生。

弯曲的（马鞍形）宇宙
太空观测台探测到的宇宙微波背景中的波动现象被视为可证明宇宙是曲面的证据。

其他理论

如果宇宙不是平坦的，它还可以是什么形状？

多亏有了威尔金森探测器和普朗克空间天文台（Planck Space Observatory）收集的数据，平坦宇宙论成为关于宇宙形状的理论中最经久不衰的一个。但除了平坦论，也有其他不同的理论。

一个球形或呈正弯曲的宇宙会持续膨胀，直到达到某个极限，便开始坍缩。结果要么是会导致一个奇点形成，要么就是引发

另一次宇宙大爆炸。证据表明球形宇宙可以在大爆炸和大坍缩之间无限循环，从而永生不灭。而某些科学家相信这种循环已经发生了。

还有理论认为宇宙呈负弯曲状，看起来像马鞍。和球形宇宙一样，马鞍形宇宙上的平行线也会相交。这样一来，宇宙就成了双曲线宇宙，或者叫开放宇宙，这意味着它

可以无限扩张，因为不会由于它的质量不够大使得引力不足，以致停止扩张。

此外，还有人认为这种马鞍形宇宙可能导致宇宙的"大撕裂"（Big Rip），即宇宙中累积了太多暗物质，使得从恒星到原子的所有物质都被撕碎。另有一种可能，宇宙在扩张过程中温度也会冷却，直到再也无法维系生命的那一天。

膨胀中的宇宙

虽然夜空在我们看来是静止的，但其实宇宙始终都在运动，每秒都变得比原来更大。

早在 100 年前，科学家理所当然地认为宇宙是静止的。但随着数学理论不断发展，望远镜的视程越来越远，美国天文学家在其他科学家研究成果的基础上总结道：宇宙实际上在不断膨胀，而且是朝着各个方向膨胀。

1925 年，哈勃就他的观测结果发表了一篇论文，表示从前被认为是星云的遥远天体其实是各自独立的星系。宇宙不只是人类自身所在的银河系。人们起初对这一发现是存在分歧的，不过它为以后的发现打下了基础。

红色的移动

物理学家亚历山大·弗里德曼（Alexander Friedmann）与乔治·勒梅特都用爱因斯坦的广义相对论对宇宙进行过预测，他们认为宇宙不是稳定不变，而是处在收缩或膨胀的过程中的。几乎就在同时，天文学家维斯托·斯里弗（Vesto Slipher）发现，遥远星系发出的光的颜色比预想的更红，这说明这些星系至今仍然在逐渐远离地球。

哈勃发现，星系与地球离得越远，前者发出的光的红移程度就越大。实际上，星系向外移动的速度与它和地球的距离成一定的比例关系。

这一发现在 1929 年首先以数学计算的方式被表述，被称为"哈勃定律"（Hubble's law），它表明整个宇宙都在膨胀，宇宙中的每个物质之间也离得越来越远。这不仅说明了宇宙中的物质正在向外跑，而且也意味着宇宙自己也在不断变化。

亚伦·博德利（Aaron Boardley）

红移

发生红移的光是多普勒效应（Doppler effect）的一个实例——物体的移动引起波长的变化。多普勒（Doppler）和斐索（Fizeau）在19世纪40年代解释道，遥远的星系发出的红移光说明宇宙正在朝各个方向膨胀。

1. 多普勒效应

当一辆救护车从你身边驶过，你听见音调忽高忽低的警报声，这说明你已经在经历多普勒效应了。随着救护车的移动，位于车头的声波被挤压，音调听起来很高，而位于车尾的声波已经扩散开来，音调较低。

2. 光波

可见光是电磁频谱中的一段，以光波的形式传播。波长较短的光是蓝色的，而波长较长的颜色偏红，如果波长进一步变长，可见光就会变成不可见的红外线辐射。

3. 红移和蓝移

如果某一发光物体正快速朝我们运动，它的光波会被压缩，光的颜色就比平常更偏蓝。如果它在朝我们的反方向运动，那么结果就完全相反：光波会被拉长，光的颜色比平常更偏红。

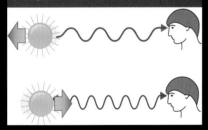

这张 MS2137 星系群的图片来自钱德拉 X 射线天文台（Chandra X-Ray Observatory）。这个星系群发出的光要到达地球需要 36 亿年的时间

4. 预测恒星和行星的光

不同的化学物质发生反应时，会发出波长不同的光，形成不同颜色。因为我们对恒星和星系的化学成分已经很清楚了，所以我们可以对它们发出什么样的光做出准确的预测。

5. 星系与红移

遥远星系发出的光的波段和我们理想中静止的星系发出的光相比，总是有些"走样"的——光波更长、颜色更红。星系离我们越远，红移现象就越明显。

6. 星系离我们原来越远

星系发出的红移光是多普勒效应引起光波长变化而产生的，这说明星系正离我们远去。红移的范围可以被用来计算星系移动的速度。

宇宙的中心在哪里？

坏消息：反正不在你这儿。

如果一切都在离我们越来越远，那么我们自己的星系似乎理所应当就是宇宙中心了。但事情远没有这么简单。

想象一个爬满蚂蚁的气球表面。气球被吹起来后，不管这些蚂蚁朝哪个方向爬，它们之间的距离都会慢慢增加。从每一只蚂蚁的角度看，其他蚂蚁和自己的距离都是越来越远的。我们的宇宙和这个气球是一样的道理。从你自己站的地点看，周围的一切都离你越来越远，离得越远，说明移动得越快。

并不是宇宙中的物体在移动（就像蚂蚁在气球上爬），而是宇宙本身在膨胀（就像不断胀大的气球）。正如你无法在这个气球表面指出一个中心来一样，宇宙也没有这种"中心"。

20世纪，赫尔曼·邦迪（Hermann Bondi）根据16世纪天文学家尼古拉·哥白尼（Nicolaus Copernicus）的名字，把这个理论命名为哥白尼原理（Copernican principle）。哥白尼发现地球不是宇宙的中心，他认为宇宙的中心是太阳。随着我们对宇宙的了解越来越多，我们对所谓"中心"的概念也发生了改变，从太阳到银河系，再到我们目前的认知——宇宙，根本就没有中心。

巨大的类星体

了解类星体这一宇宙中最大的天体，以及它本不该存在的原因。

2012年1月，天文学家在宇宙中发现了一颗天体，它的体积实在太大，以至于它的存在从所有现存理论的角度看都显得十分不合理。斯隆数字巡天（Sloan Digital Sky Survey）是位于美国新墨西哥州阿帕契点天文台（Apache Point Observatory）的一项光谱巡天计划，天文学家利用斯隆收集的数据，发现了一群类星体，也叫"大型类星体群"（large quasar group, LQG），它的范围之大，说出来会吓人一大跳——直径足有40亿光年。

根据目前的天文物理学模型，宇宙的结构不可能超过12亿光年，所以超大类星体群的发现对宇宙和宇宙可容纳的质量提出了新的物理学问题。

"这个发现是个意外惊喜，它打破了已知宇宙的最大结构的纪录，"英国中央兰开夏大学（University of Central Lancashire）的天文学家罗杰·克洛斯（Roger Clowes）说道："这可能说明，我们之前对宇宙的数学描述太过简化了。新发现对我们现有的认知提出了挑战——它不仅没有解决问题，反而制造了另一个谜。"

这个于2012年1月被发现的超大类星体群给宇宙学家们带来了不小的挑战

今天的宇宙

对希格斯玻色子（Higgs boson）的追寻，以及对暗物质更深入的了解，帮助我们找到宇宙那些未解问题的答案，同时发现新的问题。

大约在 140 亿年以前，一场巨大的爆炸发生了，宇宙从此诞生。它膨胀的速度极其快，只用不到一秒的时间，就能从一个质子大小膨胀到葡萄柚大小。这个大爆炸就是宇宙大爆炸，这是关于宇宙起源最为人们所接受的理论。

1963 年，美国无线电天文学家阿诺·彭齐亚斯和罗伯特·威尔逊用霍姆德尔号角天线（Holmdel Horn Antenna）探测到了大爆炸遗留下来的辐射（即"宇宙微波背景"，缩写 CMB），凭借这一发现他们获得了诺贝尔物理学奖。用他们收集的数据，

我们可以描绘出大爆炸发生仅仅几十万年后，恒星和星系尚未形成时宇宙的样貌，这种景象令人心驰神往。

万物之初

大爆炸之前的一切是什么样的？许多科学家，包括史蒂芬·霍金（Stephen Hawking），对这个问题的回答都是"什么都没有"。利用爱因斯坦的广义相对论，他们的计算结果表示宇宙大爆炸本身就是一切的起源。在大爆炸发生之前，时间和空间根本不存在。

直至今日，我们还能感受到大爆

暗物质由"奇异粒子"构成，它的重量足以影响星系的形成方式。暗物质不可见，可是遍布在宇宙各处，而且暗物质并不吸收光或者与光产生相互作用。

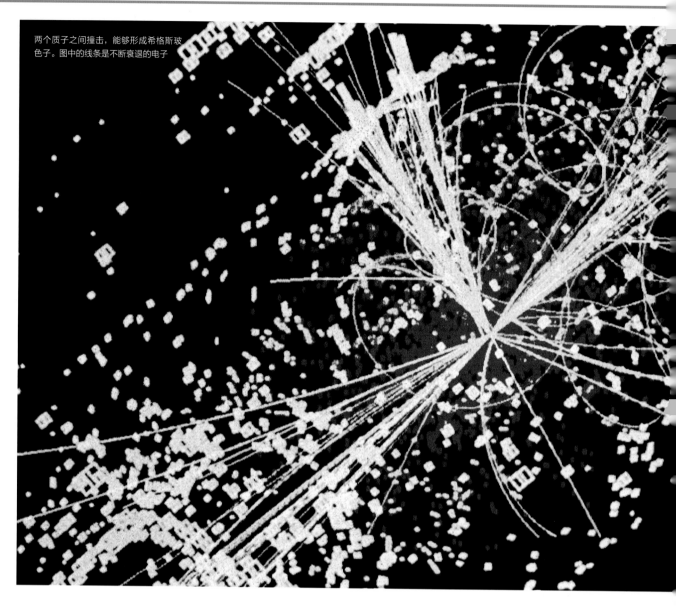

两个质子之间撞击，能够形成希格斯玻色子。图中的线条是不断衰退的电子

这幅图像是普朗克探测器对大爆炸后留下来的热辐射——宇宙微波背景的测量图

炸带来的影响。整个宇宙一直在向外膨胀，爱德文·哈勃的宇宙膨胀哈勃定律已经对此进行了详细说明。哈勃不仅发现了宇宙中还存在除银河系以外的其他星系，还证明了这些星系正以 70 千米每秒每百万秒差距向我们的反方向移动。这些都是最初那场大爆炸中释放的能量留下的副作用。

要了解宇宙如何运行、为何膨胀，引力是关键。宇宙中的每一个物体对其他物体都会有吸引作用。如果宇宙是静止不动的，那么这些物体的引力会导致宇宙坍缩。而因为宇宙在膨胀，这种膨胀又受到了引力的制约，膨胀

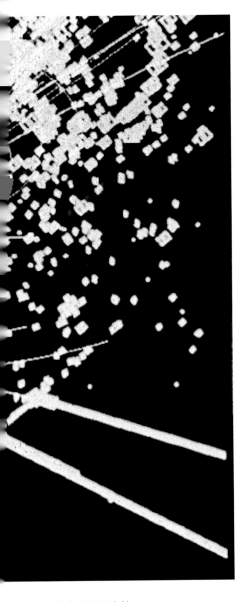

爱德文·哈勃在 1929 年发现了宇宙中的星系彼此相距原来越远的证据

速度才不至于太快。

　　暗物质和暗能量也是很重要的概念，因为它们占据了 90% 以上的宇宙。暗物质由"奇异粒子"（strange particle）构成，它的重量足以影响星系的形成方式。暗物质不可见，可是遍布在宇宙各处，而且暗物质并不吸收光或者与光产生相互作用。我们目前尚未获得暗物质，但所有的证据都证明暗物质的确存在。

　　我们对宇宙探索事业的最新进展，同时或许是历史上最重要的进展，是 2012 年 7 月 4 日欧洲核子研究委员会（CERN）发现了一个运动方式与

希格斯玻色子理论中的运动方式一样的粒子——希格斯玻色子目前还只存在于理论中，科学家认为它形成了宇宙中所有的物质。委员会还没有确定这种新粒子就是希格斯玻色子，但它的确和希格斯玻色子很接近。

　　希格斯玻色子理论认为物质通过穿越"希格斯场"（Higgs field）来获得质量，而希格斯场存在于整个宇

宙。希格斯场由希格斯玻色子组成，所以 CERN 对发现类似希格斯玻色子的粒子才如此重视。由于希格斯玻色子和质量的形成密切相关，所以被诺贝尔奖获得者、物理学家利昂·莱德曼（Leon Lederman）冠以"上帝粒子"之名。

2013 年，科学家进一步对这一疑似希格斯玻色子的粒子进行探索，离正式宣布该粒子即为希格斯玻色子的那一天又近了一步。

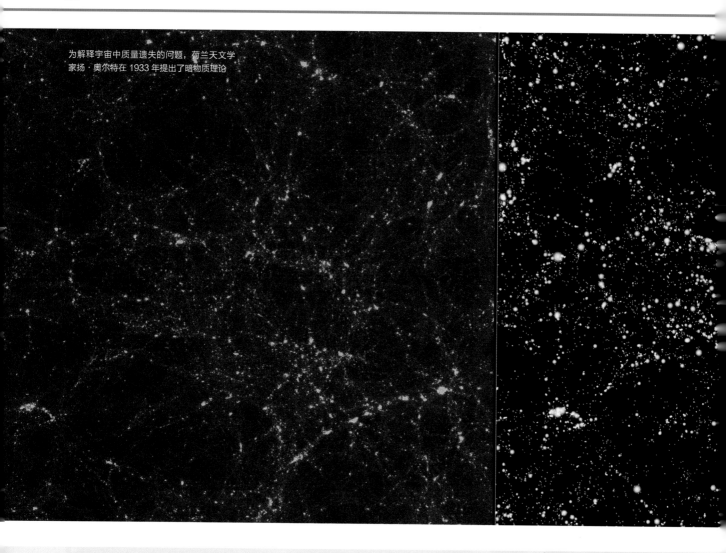

为解释宇宙中质量遗失的问题，荷兰天文学
家扬·奥尔特在 1933 年提出了暗物质理论

人类对宇宙的认识

八个重要的科学发现形成了我们
今天对宇宙的认识。

1543

哥白尼体系

日心说认为地球和其他
行星都绕着太阳转。这个观
点是古希腊天文学家阿利斯
塔克（Aristarchus）在公元前
3 世纪提出的，但让它广为人
知的是天文学家尼古拉·哥
白尼。

1609

开普勒定律

德国天文学家约翰
内斯·开普勒（Johannes
Kepler）的行星运动三定律阐
述了为何行星的轨道都是椭
圆形的问题。开普勒的发现
为现代天文学和物理学打下
了基础。

1687

万有引力

在著作《自然哲学的数
学原理》中，艾萨克·牛顿
（Isaac Newton）爵士的万有
引力定律这样写道："让行
星保持球体状态的向心力与
行星中心到表面的距离的平
方成反比。"

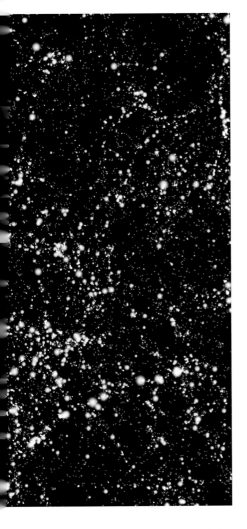

两个希格斯玻色子？

2013 年，科学家进一步对这一疑似希格斯玻色子的粒子进行探索，离正式宣布该粒子即为希格斯玻色子的那一天又近了一步。这个粒子自旋为零、宇称为正值——这是希格斯玻色子最基本的两个性质。但科学家仍未完全确定，实际上，据称还可能存在多重希格斯玻色子。CERN 总干事罗尔夫 - 迪特尔·霍耶尔（Rolf-Dieter Heuer）表示要完全确定这个粒子的身份，还需要在 2015 年欧洲大型强子对撞机按计划重新启动后再进行好几年的研究。

"如果这个粒子其中一个性质与希格斯玻色子有偏差，那就说明我们又打开了一扇通往宇宙黑暗时期的窗户，"霍耶尔解释道，"如果我们发现了性质上的不同，说明这个粒子是另一种不同于传统定义的希格斯玻色子，这就是我们打开另一扇通往宇宙黑暗时期的窗户的时刻，实现从可视世界到黑暗世界的飞跃"。

宇宙的蓝图

2013 年，普朗克宇宙探测器（Planck cosmology probe）发布了一张宇宙微波背景的新图像，这张图像揭示了宇宙的年龄比我们认为的还要老至少几亿岁。宇宙微波背景上留下的涟漪状印记来自宇宙早期的生命，这些生命最终创造了错综复杂的星系群和暗物质。

这一最新数据同时也引发了一些新问题，或许要用到新的物理学知识才能回答。比如，宇宙微波背景的温度波动与根据粒子物理学标准模型预测的温度并不一致。

原欧洲航天局局长让 - 雅克·多尔丹（Jean-Jacques Dordain）说："普朗克探测器对新生宇宙描绘的高质量图像使得我们能够透过现象看到本质。这说明我们目前的宇宙蓝图远不够完整。"

安德鲁·凯利

1915
广义相对论

爱因斯坦的理论认为，大型物体能够在第四维度，即结合时间与空间的"时空"，改变宇宙的形状。地球周围的空间被地球的自转运动扭曲，这已经被 NASA 的引力探测器 B 证实了。

1931
宇宙大爆炸理论

比利时物理学家乔治·勒梅特是首先提出宇宙大爆炸理论的几个科学家之一。自提出后，这个理论已经在无数科学家的努力研究下发展壮大。

1931
无线电天文学

美国物理学家卡尔·吉德·央斯基（Karl Guthe Jansky）发现了银河系中的无线电波。作为一名电话工程师，卡尔一直在研究电话传输中的静态干扰问题，无线电波是他在工作中偶然发现的。

1960
标准模型

标准模型理论阐述了我们所知的每一种粒子，以及粒子之间在电磁、强相互作用（能把任何东西结合起来）和弱相互作用的影响下相互作用的方式。

1992
系外行星

波兰天文学家亚历山大·沃尔兹森（Aleksander Wolszczan）在 1992 年发现了首个太阳系外存在行星的证据。从那时起，已经有超过 1000 颗系外行星陆续被发现，其中有 262 颗可能是宜居行星。

宇宙的灭亡

宇宙最终的命运是什么？它是会坍缩后又回到大爆炸的状态，还是永远都在扩张，直到消耗掉所有能量，走向灭亡？

宇宙无疑会走向灭亡，但宇宙学家根据不同的线索，对它灭亡的方式进行了各种合理猜测。这些猜测很大程度上取决于宇宙的形状（例如时空是否封闭，是扁平的还是开放的），取决于宇宙内物质的密度，以及宇宙中一种叫作暗能量的神秘却能凌驾一切的力量。

大坍缩理论认为宇宙是封闭的。这一理论预测，在几十亿年以后，一直在扩张的世界万物会减慢速度，然后向内收缩，形成一个终极黑洞。有些宇宙学家甚至还提出，这样一个大坍缩结束后，另一个大爆炸又会开始，循环往复。这样一个在爆炸和坍缩间摆动的过程被称为"宇宙大反弹"（the Big Bounce），并且可能以前就出现过了。产生我们现在宇宙的大爆炸，可能只是许多大爆炸中的一个。

另外，有科学家提出宇宙可能在一场"大撕裂"（Big Rip）中走向灭亡。这个理论认为宇宙是开放的，依靠暗能量的力而存在，随着暗能量不断增大，宇宙膨胀的速度越来越快，最终整个宇宙都会被撕裂，粉碎成最原始的原子。这一理论的支持者认为，大撕裂可能在 220 亿年后发生。

不管宇宙最后会怎样灭亡，有一点是肯定的，那就是你我在有生之年都不会看到那一天，我们世世代代的子孙也不会看到那一天。所以，你晚上不用做噩梦啦！

保罗·萨瑟兰

在几十亿年以后，一直在扩张的世界万物会减慢速度，然后坍缩。

宇宙最终如何走向灭亡？这仍然是个谜。科学家们提出了各种学说，不过这些理论很大程度上都取决于宇宙真正的形状

终极理论

我们获得的最有力的证据证明，宇宙将继续膨胀，然后冷却，直到最后发生热寂（heat death）。

关于宇宙的命运，最广为接受的一种说法是"大冻结"（Big Freeze）说。这个理论认为宇宙是开放或扁平的，它始终在膨胀，但是随着暗能量减弱，膨胀速度会趋于稳定或减慢。在这个时候，宇宙内所有的物体温度都会变低，更加分散，直到约两万亿年以后，宇宙彻底变成一个黑暗、孤独的地方，星系之间都看不见彼此。

在这个设想中，星系会耗尽新恒星形成所必需的气体，然后燃烧直至灭亡，最后，所有的物质都会坍缩到黑洞中去。但这还不是结局，因为在数亿亿年后，黑洞也会蒸发消散，只留下一些基本粒子，比如光子和轻子，在虚空中漫无目的地游荡，互不理睬。所有的能量都不见了，宇宙就这样在寒冷中灭亡。

威尔金森微波各向异性探测器对宇宙微波背景的观察结果表明，宇宙的形状确实是平的，这又为大冻结学说提供了有力支持。

黑洞： 无法逃脱

黑洞是最让人望而生畏的宇宙奇观，但黑洞或许是宇宙能够正常运行的重要原因。

黑洞从四面八方吞噬物质和辐射。黑洞的前身是耗尽燃料的恒星，由于无法再释放出能量，恒星再也支撑不了自己的重量（来自核的引力）。恒星由很多层物质组成，每一层中都承受着来自氢的巨大压力，这就使得它缩得更小了。当一个天体收缩，它的引力会变得比从前更大，这就相当于把一整个恒星塞进一个原子大小的空间里，而黑洞那无与伦比的吞噬力量，就是这么来的。

"简单来说，黑洞是一个被它体内的物质极度扭曲的空间，即使是光也逃脱不了它的巨大引力，"来自伦敦大学帝国理工学院（Imperial College London）理论物理学专业的托比·怀斯曼（Toby Wiseman）博士这样说道："因此，黑洞周围被事件视界（event horizon）包围。"

事件视界像是个不祥之地：它是位于黑洞边缘的时空界限，视界外部的物体可以逃脱引力作用，但只要进入视界内部，无论是物质还是辐射，都无法再被观察到了。

18 世纪的发现

黑洞的概念最初来自一位叫作约

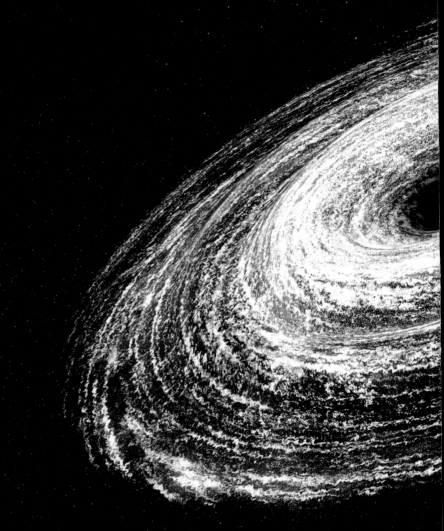

翰·米切尔（John Michell）的英国牧师，他在 1783 年提出黑洞存在的设想。他当时想到，如果一颗恒星的引力太强，导致它的"逃逸速度"超过了光速，会发生什么呢？

米切尔想出了一个计算恒星质量的方法，他断定，一颗恒星发出的光的速度能够暴露出它的引力作用，相应地，也能暴露它的质量。他的理论后来被证明是错误的，不过仅仅凭借他对"一颗恒星的引力强到光线都不能逃脱"这个情形的想象，他就已经

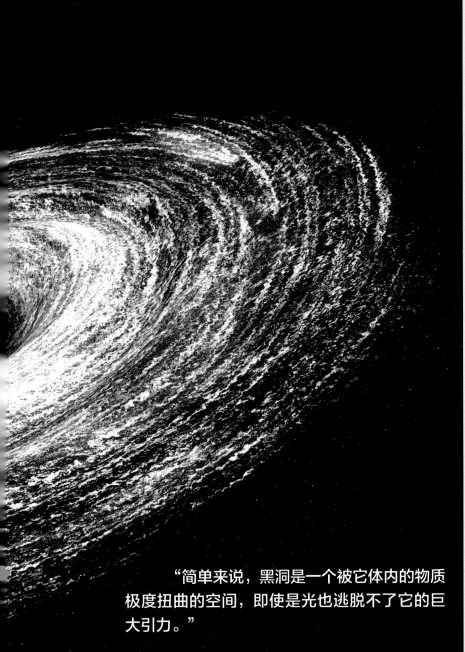

"简单来说，黑洞是一个被它体内的物质极度扭曲的空间，即使是光也逃脱不了它的巨大引力。"

来自爱因斯坦的影响

广义相对论是如何被用来证明黑洞的存在的？

爱因斯坦的广义相对论阐释了质量大的物体是如何用引力造成空间扭曲的，以及光是如何受到引力的弯曲和影响的。在广义相对论中，与黑洞有关的最重要的内容是空间的扭曲与能量及辐射的动量直接相关。

"爱因斯坦的理论能帮助我们推导出能够预测质量足够大的坍缩的恒星将在逃逸过程中继续坍缩的方程式，"苏格兰赫瑞瓦特大学光子学与量子科学研究院的法乔教授说道："最终，恒星会坍缩成一个点，我们把它叫作'奇点'。我们并不知道奇点是什么，因为用我们的物理学体系无法描述奇点的性质。"

我们了解的是，史蒂芬·霍金教授在爱因斯坦研究成果的基础上提出，黑洞的引力能够拉伸空间，并且把空间弯曲成一个圆锥形的洞。他的计算还得出黑洞有温度的结论，因此黑洞会源源不断向外释放辐射，这说明黑洞最终会消失。

成为开启黑洞研究的第一人了。

"一个质量足够大的物体能变成黑色，因为它会吞噬光——这个发现在当时听上去非常荒谬，因为没有已知的办法或观测结果能支持'引力对光产生作用'的理念"，苏格兰赫瑞瓦特大学（Heriot-Watt University）

光子学与量子科学研究院（Institute of Photonics and Quantum Sciences）的丹尼尔·法乔（Daniel Faccio）教授说道："直到1915年，我们才等来了爱因斯坦的广义相对论，对光为何会弯曲并且受到引力影响作出了解释。"

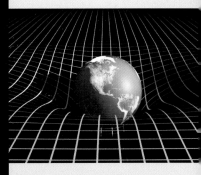

时空被物质和辐射中的能量和动量"扭曲"

虽然我们看不见黑洞，但黑洞有三个性质是我们能够衡量的：质量、转速和电荷。通常，黑洞周围环绕着恒星或气体。通过测量绕着黑洞旋转的物质的运动速度，结合引力定律，科学家可以计算出黑洞的质量。"研究人员可以根据质量对黑洞进行分类，"法乔教授说道，"一般黑洞有几十个太阳质量（一个太阳质量等于太阳的质量），而超重黑洞可以达到几百万个太阳质量。"

测量黑洞的转速则是一项更加复杂的工作。"数学家罗伊·克尔（Roy Kerr）在20世纪60年代发现了计算黑洞质量的办法，"怀斯曼教授说，"这个办法太复杂了，具有独特的数学性质，只能用笔和纸演算。"克尔的研究被传承了下来，之后，一群科学家测量出了一个质量为太阳两百万倍的黑洞的转速。这个科研团队根据NGC1365星系中心的一个超重黑洞的数据，算出它的转速达到了广义相对论规定的宇宙最快速度的84%，也就是说，它的转速是光速的84%。

> **虽然我们看不见黑洞，但黑洞有三个性质是我们能够衡量的：质量、转速和电荷。**

这是NGC1068的一幅合成图像，NGC1068是离地球最近也最明亮的星系之一，这个星系中存在一个正在快速生长的超重黑洞

黑洞理论的演进

很久以前，伟大的科学家们就已经好奇黑洞是什么、黑洞为何存在。以下是我们对黑洞了解过程中的八次突破。

1689
自然哲学的数学原理
牛顿在所著的《自然哲学的数学原理》中提出了万有引力定律，这为后来约翰·米切尔测量引力的工作打下了基础。

1783
站在牛顿的肩膀上
英国牧师以及著名科学家约翰·米切尔在一篇论文中写道，某些恒星的引力实在太强，以至于光都无法逃脱，这篇论文随后被发表在皇家学会（Royal Society）的期刊上。

1916
跟随爱因斯坦的步伐
德国天文学家卡尔·史瓦西（Carl Schwarzschild）以爱因斯坦的广义相对论为基础，通过计算证明如果把足够的物质压缩到非常小的空间，所形成的引力能够吞噬一切。

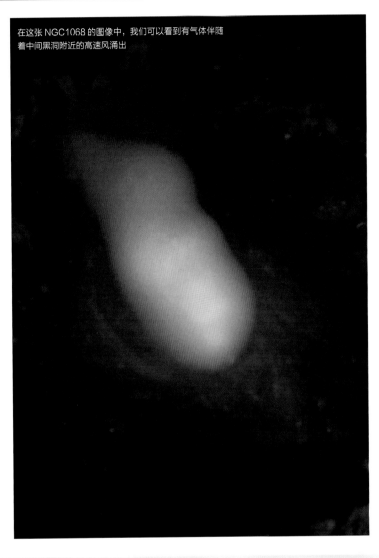

在这张 NGC1068 的图像中，我们可以看到有气体伴随着中间黑洞附近的高速风涌出

至于电荷，法乔教授说："我认为此前，还没有人测量黑洞中的电荷。但理论上黑洞可能的确是带电的。"

黑洞的心脏

黑洞的形成是已知最为激烈的一种宇宙现象，大量能量与辐射被释放出来，数量多到让人难以置信。当黑洞出现时，方圆几千光年内的一切都会消失得无影无踪，这让我们不禁好奇：黑洞有好的一面吗？

答案是肯定的。一些研究表明，黑洞对于保持星系内的稳定起到了关键作用。我们认为每一个星系的中心都有一个超重黑洞，而银河系的黑洞叫作"人马座 A*"，虽然这个黑洞的核心中不可能有生命存在，但黑洞被认为能够保持星系中热量与能量的稳定。

"因为有了黑洞，我们才有了'金发女孩地带'（宜居带），"法乔教授说道，"以银河系为例，如果天体之间离得太近，可能会发生碰撞然后毁灭，如果天体之间离得太远，就没有足够的气体和物质密度，那么出现生命的可能性就更小了。"

詹姆斯·威茨（James Witts）

1963
克尔的理论
数学家罗伊·克尔提出第一个旋转黑洞的理论。他为如果正走向灭亡的恒星缩成一群绕成环状的中子，这些中子星的离心力会阻它们变成奇点。

1967
合成术语
美国理论物理学家约翰·惠勒（John Wheeler）给这种坍缩恒星起名为"黑洞"。惠勒是核聚变理论的先导，并致力于原子弹的研发。

1974
霍金辐射
史蒂芬·霍金证明黑洞可能并不完全是黑暗的，并且还有可能释放辐射。霍金的结论是基于雅可夫·泽尔多维奇（Zel'dovich）和阿列克谢·斯塔罗宾斯基（Starobinsky）的研究得出的，这两位科学家证明旋转黑洞能够释放粒子。

2002
人马座 A*
马克斯普朗克学会（Max Planck Institute）的天文学家团队证实银河系中心有一个超重黑洞。他们推断这个叫作人马座 A* 的黑洞直径为 4400 万千米。

2010
最年轻的黑洞
天文学家利用 NASA 的钱德拉 X 射线天文台找到了我们所处的星系中存在着最年轻黑洞的证据，这个黑洞起源于一颗超新星，诞生 30 年后就被太空望远镜探测到了。

创造之柱：
孕育恒星的温床

令人叹为观止的"创造之柱"（Pillars of Creation）堪称恒星的"育婴室"。

这是迄今最著名的一张在太空中拍摄的照片。创造之柱是天鹰星云（Eagle Nebula，M16）的一部分，天鹰星云位于大蛇星座（the Serpens Constellation），与地球相距 7000 光年。大鹰星云已经存在了 5500 万年，直径在 55 至 70 光年。

每一个柱子的长度都有 6～7 光年，由氢分子气体和尘埃组成。这张照片是著名的哈勃太空望远镜在 1995 年用 4 台照相机拍摄的，它其实是由 32 张照片共同组成的。

伊恩·奥斯本（Ian Osborne）

诞生与消亡

创造之柱已经被摧毁了吗？ 2007 年，科学家又拍到了大鹰星云的图像，这次是斯必泽太空望远镜（Spitzer Space Telescope）拍摄的。照片中可以看到一团炽热尘埃，可能是一颗超新星爆炸撞击的产物。目前对这个说法还有许多争议。如果此说法是正确的，那么创造之柱早在 6000 年以前就被摧毁了，只是因为它发出的光到达地球需要7000 年，所以我们还得等 1000年才能看到其灭亡。

记录太空

以天文学家爱德文·哈勃命名的哈勃太空望远镜在 1990 年被一架航天飞机带上了近地轨道。哈勃望远镜有 4 个主要的观测设备，观测的范围包括近紫外线、可见光、和红外线光谱。

哈勃望远镜为人类了解宇宙、观测宇宙做出了不小的贡献。如今，它仍在执行着任务，而它的继任者詹姆斯·韦伯太空望远镜将于 2018 年发射。但是詹姆斯·韦伯观测的波长范围并不与哈勃完全一样，执行任务时与地球的距离也会更远。同时，地面的大型自适应光学望远镜将继承哈勃观测的光谱范围，对太空进行图像记录。

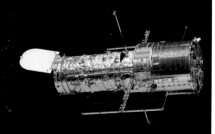

一颗恒星诞生

　　创造之柱之所以被命名为创造之柱，是因为这一团巨大的气体和尘埃正在创造恒星。由于柱子的密度相当高，其中一部分气体在引力作用下形成了球体，在气体累积到一定量后，球体中心就会产生核聚变，形成恒星。

新柱体的形成

　　创造之柱中会形成新的柱状气体，这是因为柱子周围环绕着的密度较小的气体会渐渐被巨大的新生恒星发出的紫外线光吹走，留下的密度大的气体团就会形成新的柱子。这个过程叫作光致蒸发（photoevaporation）。柱子同时也在受到侵蚀，暴露出里面密度更大的部分，叫作蒸发气态球（evaporating gaseous globules，EGGs）。其中一些蒸发气态球中孕育着胚胎时期的恒星，能不断吸收气态球中的物质来增加自身质量。当蒸发气态球被光致蒸发后，里面的恒星就出现了。

暗能量

像是凭空变出来的一般，暗能量摆脱了引力的束缚，我们认为它终有一天会让宇宙堕入无尽的黑暗。

2011年，三位科学家获得了诺贝尔物理学奖，他们在20世纪90年代末期证明，我们的宇宙既不会放慢膨胀的脚步，也不会受到自身质量的影响发生坍缩。根据他们的发现，宇宙不仅会持续膨胀，膨胀的速度还会越来越快。

这说明在亿万年以后，各个星系的距离将变得极其遥远，以至于一个星系发出的光永远不能到达其他星系。只有那些被引力聚集在一起的星系才能离得近一点，形成星系群。问题是，是什么让宇宙不受自身引力的作用，膨胀得越来越快？幕后主使其实是一种力，叫作"暗能量"（dark energy）。

暗能量的崛起

根据现有理论的说法，暗能量自从宇宙大爆炸后就存在了，但是在宇宙诞生早期，可见物质和暗物质的引力使暗能量变得很微弱。大约50亿年之后，星系之间的距离越来越大，削弱了引力的作用，而暗能量变得越来越强。宇宙从此以后就一直加速膨胀了。

进入21世纪后，我们对宇宙有了新的认识。可见物质——大到星系，小到你和我——仅占宇宙总物质的4.9%；而暗物质占26.8%。剩下的68.3%全都是暗能量。

詹姆斯·罗素（James Russell）

是什么让宇宙不受自身引
力的作用，膨胀得越来越快？

宇宙的组成

68.3%
是暗能量

根据最新的宇宙学原理，所有我们已知的物质只占整个宇宙的 5% 以下

4.9%
是恒星、星系、气体
以及所有我们已知的
物质

26.8%
是暗物质

探索暗能量

在智利一座山的高处，科学家们正在加紧对暗能量的探索。

　　来自 23 家研究机构的 200 多名科学家已经着手进行了一个大型研究项目，该项目的目标是进一步了解暗能量的性质。"2013 年 8 月 31 日，我们正式开始进行全面的科学研究，研究会一直持续到 2019 年，"暗能量巡天项目（Dark Energy Survey project）中的一位科学家布赖恩·诺德（Brian Nord）博士说道："我们会每年收集 100 个夜晚的数据。比起之前的其他光学望远镜来说，暗能量巡天项目观察太空的范围更广，能进入更深处的宇宙——几乎能够观察到 80 亿年前的景象。"

　　这个项目走在了宇宙研究的前沿。"暗能量是今天物理学的一个最基本的问题，"诺德博士补充道，"我们必须把宇宙当作我们的实验室。我们现在正在研究的最大的问题，是暗能量是否会随着时间发生改变。它会在宇宙的演进过程中保持稳定，还是在过去的 137 亿年中已经发生了改变呢？"

维克多 M. 布兰科望远镜（Victor M Blanco Telescope）位于智利的托洛洛山美国洲际天文台（Cerro Tololo Inter-American Observatory），它探索宇宙的深入程度将是前所未有的

你问我答

为何光速是最快的速度？

爱因斯坦的狭义相对论规定了宇宙万物的最大速度。如果我们打破这个规定，会发生什么呢？

公元 1 世纪，古希腊数学家希罗（Hero of Alexandria）认为光的速度一定无限快，否则他不可能一睁眼就看到空中的星星。希罗提出这个说法是因为他错误地认为我们是用从眼睛发出的光束看东西。虽然后来科学家发现其实是物体发出的光让我们的眼睛看见东西，但很多人依然认为光的传播根本不需要时间。

随后，在 1676 年，丹麦天文学家奥勒·罗默（Ole R·mer）发现木星的卫星"木卫一"绕木星一周的时间取决于地球正在靠近木星还是远离木星。他因此得出结论：产生这种变化是因为光从不同的距离到达他的双眼所用的时间不同。罗默估计光速为 220000 千米 / 秒左右；300 年过后，这个数字渐渐被精确到了 299792.458 千米 / 秒。

波与粒子

光，到底是什么？光是能量的一种形式，有些像一束束的粒子，只不过光中的"粒子"叫作光子，或者说光就像连续的波。来自剑桥大学应用数学与理论物理系的约翰·巴罗（John

希格斯的速度

能通过消除质量来超越光速吗？

质量和重量不是一回事。你的重量取决于你所在地点的引力场大小，但你的质量是你的加速度阻力，不管你在宇宙的哪个角落，质量都是不变的。

物理学家认为，质量是希格斯场造成的，希格斯场，是一种蔓延在整个宇宙的物质。组成普通物质的粒子——光子、中子和电子，在希格斯场中会受到阻碍，这种阻碍能够对抗任何引起它们加速或减速的力。光子与希格斯场不发生相互反应，所以光子没有质量。

有很长一段时间希格斯场一直都只存在于理论之中，但是大型强子对撞机的实验似乎已经发现了组成希格斯场的粒子——希格斯玻色子。一些科学家认为，一旦我们掌握了希格斯玻色子的原理，我们或许能消除粒子与希格斯场的相互作用，实现粒子的"去质量化"。狭义相对论只规定任何具有质量的物体不能接近或超过光速，也许利用一些超导电性的方法，比如抵消质量而不是电阻，能够让运动或通信速度超过光速。

找出粒子为何具有质量的原因可能是消除粒子质量的第一步

光速仅仅是光在完全真空状态下的速度。在空气中，光的传播速度会降低 88 千米 / 秒。在水中，光速会下降三分之一。要是光穿过钻石，它的速度会不及原来的二分之一。

迅疾的光子

在一定时间内，光可以走多远？

250 毫秒（千分之一秒）

眨眼之间，光已经前进了 74029.824 千米

12.5 分钟

光从地球到达火星需要 12.5 分钟

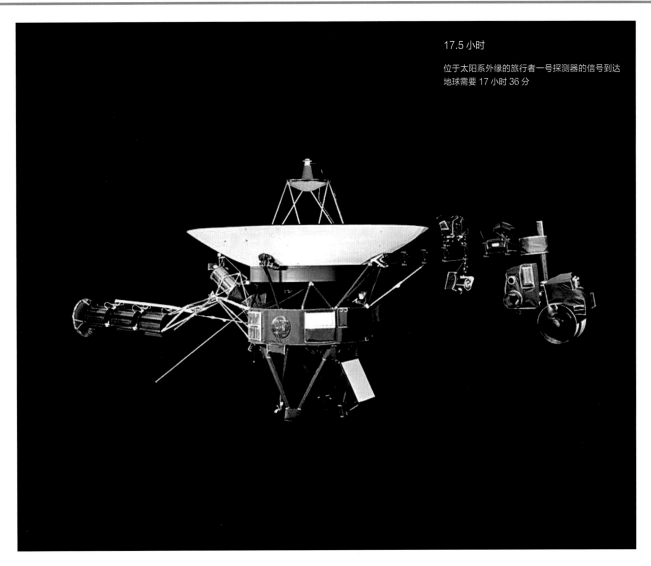

17.5 小时

位于太阳系外缘的旅行者一号探测器的信号到达
地球需要 17 小时 36 分

Barrow）教授把光比作犯罪。你可以想象犯罪的"浪潮"（即光波）席卷了整个城市，也可以想到犯罪是由一个个罪犯（即光子）"传播"的。当然，犯罪本身和光是风马牛不相及的。

每当光遇到原子，就会被吸收，而原子就会得到能量。通常光被原子吸收后不久又会被重新释放，但每次都会有延迟。光经过的中介的密度越大，中介物质含有的原子数量就越多，那么光子在这个物质中被吸收和重新释放所需的时间就越多。在空气中，光的传播速度只会下降 0.000293%，或者说速度会降低 88 千米 / 秒。但在

水中，光速会下降三分之一。要是光穿过钻石，它的速度会不及原来的二分之一。光速最快的时候就是不受任何物质阻挡的时候。所以"标准"光速仅仅是它在完全真空状态下的速度。

这并不仅是光能达到的最大速度，而是任何事物能达到的最快速度——包括信息。这个全宇宙统一的速度上限是爱因斯坦狭义相对论的必然结果。爱因斯坦告诉我们，为了使物理定律对所有人都保持不变，不管他们处在

何种参考系中（或者说运动速度有多快），真空中光的速度是恒定的。如果你搭乘一架火箭，运动速度为光速的一半，这时你把前灯打开，你身后会出现一道光束。正如你所预料的那样，光束传播的速度依然是光速。但是一个静止不动的观察者也会看到你火箭上前灯的光以光速传播，并不会因为你在上升时运动速度是光速的0.5倍，从而反映到他眼中变成了光速的1.5倍。

为了使物理定律对所有人都保持不变，光速必须是恒定的。

这听起来好像很奇怪，因为我们习惯把速度相加，但爱因斯坦表示这只是相对速度很小时的非常接近的近似值。你的速度与光速越接近，你与光的速度差就越小。最终你会达到一个数学的上限，叠加再多速度对最终的速度都没有影响。这个上限就是光速。

无限的能量

根据狭义相对论，让一个物体的运动速度达到光速，需要无限能量。也就是说，任何尚未达到光速的物体永远不可能达到光速。

这个速度上限同样也适用于信息的传播，因为信息的传播说到底需要借助实际存在的物质。也许你会认为你可以打破这个速度上限：用激光棒照射一个远距离物体，比如月球，然后摇晃自己的手，让光线照到月球表面各个地方，就可以在光照到这些点

之前用激光先照亮，也就实现了"比光速更快"的目标。但实际上，虽然你造成的这些光点似乎用非常快的速度移动了非常大的距离，但光子从地球到月球依然需要时间。所以，这就是为什么在进行这个实验的时候，你会发现光点的移动会延迟大约 1.5 秒。爱因斯坦的定律并没有被打破。

物理学家们并没有完全放弃寻找超越光速的方法（见下栏），但狭义相对论是一个非常经得起推敲的理论。目前，299792.458 千米 / 秒应该是你能达到的最快速度了。

路易斯·比利亚松（Luis Villazon）

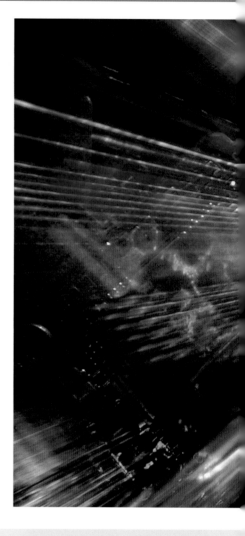

五种
打破光速限制的方法

有些事物似乎可以打破爱因斯坦的规则。我们能否借助它们制造出一个"曲速引擎"（warp drive）呢？

大爆炸之后

在大爆炸发生的一万亿分之一秒的一万亿分之一的时间内，宇宙直径增加的速度至少比光速快 10^{75} 倍。不过这是宇宙本身扩张的速度，而不是宇宙内物体相互分离的速度。

结论：历史因素

量子纠缠

互相纠缠的粒子是成对存在的，所以如果其中一个粒子的量子态改变，另一个粒子的量子状态也会立即改变，不管它们之间的距离多么遥远。但是这种方式无法传播信息，因为你需要提前了解每个粒子的量子态。

结论：与光速无关

0.3 纳秒（十亿分之一秒）

在一台 3 千兆赫台式电脑的一个时钟周期内[1]，光可以走 10 厘米

① 时钟周期：是一个时间的量，是计算机中最基本的时间单位。在一个时钟周期内，电脑 CPU 只完成一个最基本的动作。

超光速粒子
（tachyons）

狭义相对论并没有禁止速度已经超过光速的粒子的存在——只是不允许本来没有达到光速的物体超过光速。超光速粒子可能就已经超过光速了，但量子力学证明这些粒子可能极不稳定，或者很快就会衰退。

结论：尚属假设

时空扭曲

墨西哥物理学家米给尔·阿库别瑞（Miguel Alcubierre）认为，包围在扭曲空间形成的"曲速气泡"中的飞船，或许能够在不违反狭义相对论的前提下超越光速。但形成这种气泡需要一种拥有负能量的特殊物质，这就相当于用一种不可能的事物换取另一种不可能的事物。

结论：不可能

超光速中微子
（superluminal neutrinos）

位于瑞士的欧洲核子研究委员会与意大利的格兰萨索国家实验室在 2011 年进行了一项实验，试验中似乎检测到了运动速度比光速还快的中微子。可是之后发现这只是连接不当的设备影响了测量，从而产生错误结果。

结论：错误

你问我答

被吸入黑洞的物质会遭遇什么?

　　黑洞之所以叫黑洞，是因为它质量巨大，能产生极强的引力。任何经过黑洞表面（一定的圆周范围之内）的物质，即便是光，都无法逃脱被吸入其中的命运。因此，落入黑洞的东西很可能就再也见不到了。由于大量物质在引力作用下向黑洞靠近，黑洞表面很可能被一圈又一圈在环形轨道上移动的物质所包围。黑洞周围"吸积盘"（accretion disc）内的物质由于移动速度不同而相互摩擦生热，因此会释放出耀眼的光芒。任何落入黑洞表面的物体都会被压缩成无穷小，密度变得无穷大，并与黑洞融为一体。在黑洞之外根本看不到黑洞内释放的射线。

埃莉诺·史蒂文斯（Eleanor Stevens），美国波士顿

54

64

46

62

52

2 宇宙中的生命

046	来自星星的细菌孢子
052	地球之外的生命
054	外星生命：从远观到近看
060	流浪行星上的生命
067	寻找遥远的卫星
076	你问我答

48

57

58

来自星星的
细菌孢子

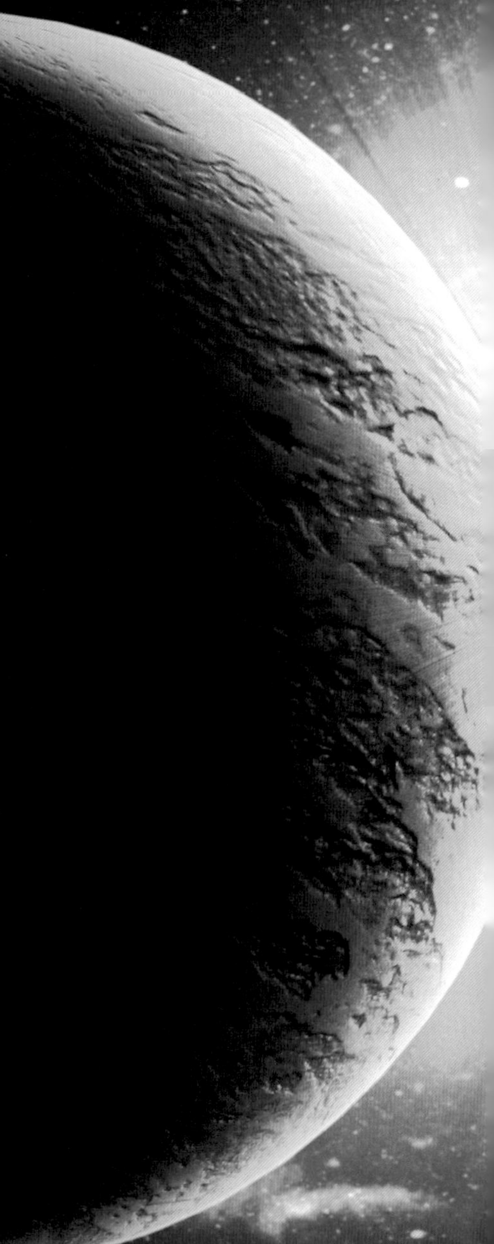

在一个拥有两千亿个星球的银河系，我们也许并不孤单。可是，我们究竟是地球的原住民，或者仅仅是外来居民？我们星球上的生命是否可能源自太空？

生命的构成很简单。首先，把氢、氧、碳和氮组合起来，生成水、甲烷和氨。然后，让这些简单的分子聚集，形成氨基酸，进而形成蛋白质、DNA，最后是完整的细胞。1953 年，斯坦利·米勒（Stanley Miller）和哈罗德·尤里（Harold Urey）的实验表明，只要操作前混合物的比例正确，一簇电火花（使用电火花的目的是为模拟闪电）就足以形成目前地球上已知的所有氨基酸。真正的问题是海洋实在是太广阔，把含有有机分子的"原始汤"稀释成了清汤寡水般的稀粥。而如果浓度不够高，那么这些氨基酸

分子形成生命的概率可能非常小。

如何解决这个问题？办法之一是直接添加来自外太空的有机分子。夏威夷大学马诺阿分校（University of Hawaii at Manoa）的拉尔夫·凯泽（Ralph Kaiser）表示"已经在陨石中检测出氨基酸"。凯泽教授发表的一项研究表明，促使这些氨基酸分子形成的原因有可能正是极度寒冷、辐射强烈的外太空环境。教授提到，"在星际星云中存在着许多覆盖着一层冰的尘埃颗粒，而银河宇宙射线[1]和紫外线辐射可以穿透星云，合成这些氨基酸分子。"

———————————

① 银河宇宙射线：即太阳系以外的银河系的高能粒子。

最新研究

平流层中存在着有机体，可这些有机体来自地球，还是太空？

　　2013 年 7 月，英国的研究人员向海拔27 千米的高空放飞了一枚气象探测气球，用于采集这一高度的大气样本。他们得到的样本是一种显微镜下才能观察的藻类碎片，叫作硅藻。此前，平流层中还发现过细菌，一些鸟类偶尔也会飞到接近平流层的高度，但硅藻的重量比细菌大得多，所以硅藻在平流层被发现引起了科学界的热议。这项研究的主持人英国谢菲尔德大学（University of Sheffield）的米尔顿·温赖特（Milton Wainwright）教授曾称，除了大型火山，没有什么能把硅藻喷射到这个高度。他说，由于在试验的三年期间并没有发生火山喷发，对这一发现最合理的解释，就是英仙座流星雨[①]（Perseid）的陨石碎片带来了这些硅藻。

　　然而，这一研究也受到了一些批评。迄今为止，并没有进行任何放射性同位素或氨基酸分析来证明这一小片硅藻是天外来客。关于该研究的争论最后落在了硅藻能在彗星的冰层中存活的可能性大，还是地球上的硅藻以某种方式进入了平流层的可能性大。

---

① 英仙座流星雨：斯威夫特－塔特尔彗星（comet Swift-Tuttle）的碎屑与地球相遇，形成流星雨，英仙座附近是辐射点，因此得名英仙座流星雨。

直径仅为 0.0001 毫米的微粒穿过银河系大约要花十亿年。而银河系存在时间大约是 130 亿年，在这段时间中生命完全有可能在一个遥远的星球诞生，然后穿越浩瀚宇宙，在年轻的地球上安家落户。

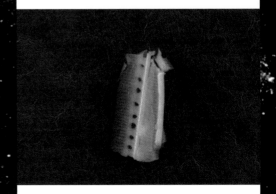

这块硅藻的化石骨架碎片在太空的边缘被发现

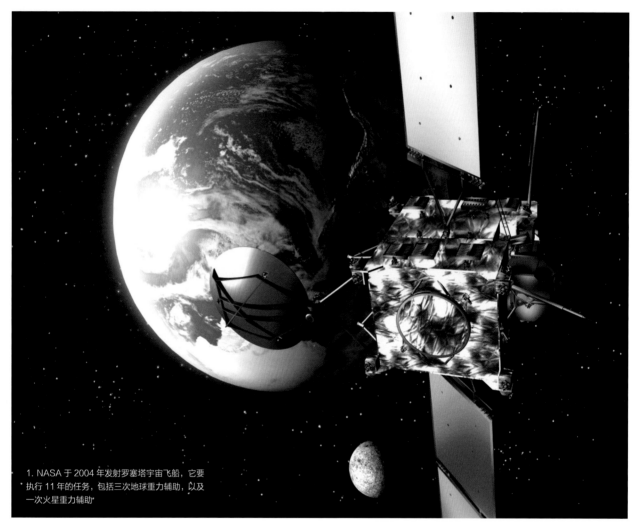

1. NASA 于 2004 年发射罗塞塔宇宙飞船，它要执行 11 年的任务，包括三次地球重力辅助，以及一次火星重力辅助。

在太阳系形成的时候，这些冰颗粒就相互结合，构成了最初的柯伊伯带[①]。柯伊伯带位于海王星的轨道外，包含了好几百万个小行星大小的冷冻状态的氨、甲烷和冰。其中有一些偏离了固定的绕行轨道，成为了彗星，因此这些彗星就有可能撞击地球，并且带来开启生命所需的各种复杂分子。

火星的影响

到目前为止，太空中还没有检测出比二肽更复杂的氨基酸，二肽由两个氨基酸结合在一起组成。二肽是最

简单的蛋白质，远没有一组 DNA 那么复杂。可如果外太空中不能形成 DNA，那么 DNA 可能会在另一个星球上诞生然后通过某种方式来到地球吗？在太阳系中，这样一个星球最有可能是火星，因为我们都知道火星曾经有液态水，并且火星上的重力足够小，所以小行星或彗星的撞击可以把火星表面的岩石喷射到地球上去。

迄今为止，地球上发现了大约 120 颗来自火星的陨石，研究人员发现其中有几块陨石在当时极有可能含有活的有机物。其中 ALH 84001 号

陨石"艾伦丘陵"具有的这种迹象最为明显，陨石中含有多环芳烃以及一些奇怪的管状结构物，起初疑为超微细菌化石，而现在一致认为这些管状物并非超微细菌化石。但即使不是细菌化石，"艾伦丘陵"陨石撞击地球的时间约为 13000 年前，当时地球上早就已经有生命萌芽了。

尘埃中的生命

目前我们已经有充足的证据表明，在太阳系之外，还有上千个其他行星围绕着各自的恒星旋转。小行星很少

---

① 柯伊伯带：在海王星轨道外绕行的天体组成的圆盘状区域。

"DNA 或 RNA 链碎片有可能承载着足以开启新一代生命的基因信息在宇宙中穿行。"

2. 它的目标彗星是丘留莫夫－格拉西缅科彗星。它于 2014 年 5 月在彗星上着陆，并围绕彗星核运行 17 个月

3. 它也会直接在彗星表面探测，这种尝试还是第一次

能够逃离自己所属的星系，即使能够逃离，也不可能跨越如此漫长的距离来到我们这里。然而，尘埃颗粒的重量非常轻，它们自己星系的恒星释放的一点辐射压力就可以把它们推出原来的运行轨迹。

加拿大滑铁卢大学（University of Waterloo）的保罗·韦森（Paul Wesson）教授在一篇2010年的论文中计算出，直径只相当于1毫米的万分之一（0.0001毫米）的尘埃颗粒可以借助推力在大约十亿年内穿过银河系。既然银河系存在的时间大约是130亿年，地球诞生的时间为45亿年之前，在这段时间中生命完全有可能在一个遥远的星球诞生，然后穿越浩瀚宇宙，在年轻的地球上生根发芽。

"短波辐射，比如紫外线，以及宇宙射线能无情地杀死宇宙中的生命体，"韦森教授解释道，"但DNA或RNA链碎片却有可能承载着足以开启新一代生命的基因信息在宇宙中穿行。我的计算也说明了病毒的大小最适合受到光推动在太空穿行。"

韦森教授的研究依然存在许多争议，在宇宙中发现有机分子的复杂程度却逐年上升。2014年11月，美国国家航空航天局（NASA）罗塞塔号宇宙飞船（Rosetta）与丘留莫夫－格拉西缅科彗星（67P/Churyumov-Gerasimenko）会合，并在彗星上留下着陆器，以便从彗星表面直接取样。2016年9月8日NASA又发射了OSIRIS-REx飞船，这艘飞船将从小行星1999 RQ36上取样并带回地球。这些飞船收集的数据可能会进一步帮助我们了解生命到底从何处起源。

路易斯·比利亚松

我们
现有的了解

八个检验生命从外太空成功到达地球，并开始繁衍生息的可行性实验。

1903
光压

瑞典化学家斯凡特·阿伦尼乌斯（Svante Arrhenius）证明直径小于1.5微米的粒子可以被光推动着穿越太空。他提出细菌孢子也可以通过这种方式在星球间传播繁衍。

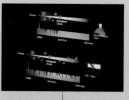

1983
太空中的碳

天文学家维克拉玛辛赫（Wickramasinghe）与艾伦（Allen）对吸收光谱进行了分析，为星际星云含有水和含碳有机混合物（例如甲醛）这一说法提供了最初的确凿证据。

1990
存活于真空

NASA于1984年发射了"长期暴露装置"（Long Duration Exposure Facility）。由于"挑战者号"（Challenger）航天飞机失事，这一装置仍留在轨道运行，超过了预计时间，这表明嵌入人造陨石内的细菌孢子在太空中可以存活长达六年。

4. 探测器有可能提供最有力的证据来证明有机化合物的存在，这也就意味着生命物质的存在

1996	2006	2007	2009	2012
"艾伦丘陵"陨石	星尘	发射细菌	再入大气层[①]过程中的高温	种植种子

1984 年，一颗陨石在南极洲被发现。1996 年，科学家发现证据证明这颗陨石不仅来自火星，而且来自火星上有液态水的时期。他们还发布了一些图像，上面显示的极有可能是细菌化石。

NASA 的"星尘号"（Sardust）太空飞船采集了上百万颗"维尔特 2 号"（81P/Wild）彗星洒落的尘埃颗粒。科学家在其中发现了烃链，其长度超过了星际星云中发现的烃链长度，还发现了含有生物学上可使用的氮的有机化合物。

嵌入模拟火星岩石的细菌从一把改造步枪中被发射出去。这一实验目的是展示细菌在星球表面遭受陨石冲击而被喷射出去时能承受住冲击力。

为了模拟细菌孢子星际旅行终点的环境，细菌被置于花岗岩内，然后由"猎户座"（Orion）飞船发射到 120 千米的高空中。其中一些细菌孢子的确能够在再入大气层时，在超音速的大气环境中存活。

一些位于国际空间站外、暴露在太空之中长达 18 个月的烟草种子成功发芽了，发芽的主要是那些没有受到紫外线照射的种子。研究者由此得出结论：即使是光秃秃不受一点保护的种子，也能在火星飞往地球的旅程中存活。

① 人造物体（如人造卫星、飞船、火箭导弹、空天飞机等）离开地球大气层，再从外太空重新进入地球大气层的运动，称为"再入"（re-entry）大气层。

地球之外的生命

在我们所处的太阳系中，哪里最有可能发现新的生命呢？

许多猜想都试图证明生命起源于碳的化合物，既然你在看这篇讲述太空与生命的文章，就说明我们所在的太阳系具有孕育生命的恰当条件。水是生命的起源中一个关键因素，而由于我们这颗星球的大小以及它在太阳周围的宜居地带中所处的位置刚好可以保证地表水能够存在，再加上许许多多其他因素，地球因此成为了多种生物的家园。

对于生命的起源，我们已经追溯到了38亿年前的地球。尽管"好奇号"（Curiosity）火星车并没有在火星上检测到甲烷，这让许多希望在地球最近的邻居身上找到生命迹象的人大失所望，但地球依然不太可能是太阳系中唯一有生命存在的天体……

马修·佩利特（Matthew Pellett）

> "好奇号"（Curiosity）火星车并没有在火星上检测到甲烷，这让许多希望在地球最近的邻居身上找到生命迹象的人大失所望。

谷神星（Ceres）

谷神星最初在 19 世纪被发现时，被归为行星一类。尽管这颗矮行星比月球还要小，它依然是火星和木星轨道之间小行星带中体积最大的一颗小行星。谷神星的表面积相当于阿根廷的国土面积，而人们相信就是这样一颗小行星，其冰川中含有的水比地球上所有的淡水加起来还多。并且它与太阳的距离表明其赤道地区的冰川很可能会融化。

木卫二（Europa）

木卫二在木星的 67 颗卫星中距木星第六近，是目前太阳系中最有可能出现地外生命的天体。除已经在木卫二检测到稀薄的氧气层，科学家更想知道的是，既然木卫二有适宜复杂多细胞生物生存的条件，那么它表面的冰层下有什么？传说中木卫二的淡水湖以及相当于地球现有海洋体积两倍大的大洋又在哪里？2022年，欧洲航天局（European Space Agency）将发射"木星冰月探测器"（Jupiter Icy Moon Explorer），以对木卫二以及其他两颗卫星进行更深入的研究。

外星生命：
远观与近看

天文学家加快了研发探寻外星邻居的工具和技术的步伐。
那么邻居们最有可能出现在哪儿呢?

1995 年，人们对宇宙的认识发生了天翻地覆的改变。两位来自瑞士的天文学家宣布，他们发现了一颗行星绕着另一颗恒星运行的证据。这证明，地球和太阳系其他行星并不是这个宇宙的唯一。这唤起了人们自古就有的对系外行星[1]的想象。然而直到 20 世纪的最后几年，我们才终于发现了系外行星存在的证据。

现在，已经发现了超过 1000 颗系外行星。这些行星的大小和组成成分各异，其中有许多和我们印象中的太阳系行星截然不同。有些颜色比煤还要黑，有些周身被熔岩所包裹。有些星球的上空会升起两个太阳，而有些则是整个都被汪洋大海所覆盖。

尽管这些行星各有各的奇特，天文学家们真正渴望了解的是它们与地球的共同之处。随着时间和技术发展的推进，已经可以探测到一些质量非常小的行星。现在天文学家会习惯性地去探索一些体积和地球相似、布满岩石的行星，每次他们必然会问的一个问题就是：这些行星之中，有存在生命的吗？

美国麻省理工学院（MTI）的萨拉·西格（Sara Seager）教授在探寻行星方面是全球声望最高的专家，她配平了一个等式，可以估算出未来几年有多少存在可检测的生命迹象的行星会被发现。这个等式的计算结果十分有趣。先将各种数据代入公式，例如所研究的恒星数量、宜居带（与恒星距离适中、温度适中、适宜生命生存的区域）中可能有岩质行星的恒星占总恒星数量的比例等等，然后公式就会估算出在今后的十年内能发现两个有外星生命居住的行星。

西格教授的公式其实是著名的"德雷克公式"（Drake Equation）的变形，德雷克公式是一条用来估算银河系中可能存在的科技先进的外星文明的数量的公式。西格教授的目的是要将"探寻外星生命"的理念推广到大众。她说道："我希望全世界都知道我们正在做出切实的行动，来搜寻外星生命。"

两个行星，听起来好像并不多，但即使只发现了一个有外星生命居住的星球，我们受到的影响就极其巨大，这一点儿也不夸张。西格教授说："人类早在千百年前就想要了解除地球以外的其他世界是否有生命存在了。"

一直以来，人们对这个问题不乏怀疑和猜测。而现在，我们已经快要

> **"我希望全世界都知道我们正在做出切实的行动，来搜寻外星生命。"**

---

① 系外行星：太阳系以外的行星。

五个最有可能存在生命的系外行星

在已经被发现的系外行星中，有哪些最有可能是外星生命的居所呢？

目前已经确认存在的系外行星有 1000 多个，这些行星的环境多种多样，其中有一些比起其他行星更有可能孕育着生命。通过使用目前所拥有的天文学工具，我们已经可以断定哪些行星最有可能是外星生命的居所，还能够初步了解这些行星上的生命的状态！

1

HD 85512b

基本情况

HD 85512b 的质量是地球的 3.6 倍，因此它的重力达到了地球的 1.4 倍，也就是说生物如果要在这颗星球上直立运动，得比我们更强壮才行。

距离地球

36 光年

旅行时间

625278 年

2

开普勒 62e（Kepler-62e）

基本情况

开普勒 62e 上的一年大约等于地球上的 122 天。这是一个多岩石的行星，围绕着恒星宜居带的内环边缘运行。开普勒 62e 的计算机模型显示这颗行星可能被水蒸气状态的海洋所覆盖。

距离地球

1200 光年

旅行时间

20842599 年

接近问题的答案了。自 2009 年以来，天文学家们利用 NASA 的开普勒行星探测望远镜能够捕捉到，行星在经过母恒星面前时造成母恒星的光度降低，因此能够不断发现新的行星。在 2013 年 5 月开普勒望远镜发生故障之前，它已经发现了 134 颗已被证实为系外行星的星球，还有另外 3277 颗尚未确认。据哈佛 – 史密松天体物理中心估计，仅在银河系，就存在至少 170 亿颗类地行星。

逐渐靠近

现在面临的一大挑战是要能够对我们发现的行星进行细致了解，这样才能清楚这些行星上是否有生命的迹象。我们已经快要解决这一难题了。NASA 宣布已经能够使用开普勒或斯皮策（Spitzer）空间望远镜在更近的距离下观察其中一个系外行星"开普勒 7b"，还可以根据观察绘制出其大气的云层图。观察结果表明，开普勒 7b 这颗系外行星对于我们所了解的生命来说太过炎热：它的温度高达 816 至 982 摄氏度。无论如何，这是人类在探索外星生命过程中的一个巨大的飞跃，并且要获得这一发现绝非易事，因为这颗行星与地球有 100 光年的距离。

还有两项即将来临的任务会帮助我们更深入地探寻外星生命。欧洲航天局将于 2017 年发射"系外行星特性探测卫星"（Characterising Exoplanets Satellite, CHEOPS），目前还在筹备中。这一项目将研究太

> "一旦某颗岩质行星经过一颗小恒星的宜居带，我们就会发现它。"

---

① 旅行时间：这里指根据现有的技术水平，从地球到达这颗星球所需的时间。

3

开普勒 62f
（Kepler-62f）
基本情况
开普勒62f是开普勒62e的姊妹星。这颗行星在宜居带的外侧边缘运行。它可能也是一颗被海洋包围的行星，但它的海洋上可能都是浮冰。从它的表面来看，它的母星可能肉眼看上去是桃橘色的。

距离地球
1200 光年
旅行时间
20842599 年

4

格利泽 581g
（Gliese 581g）
基本情况
格利泽581g位于所在星系的宜居带，这颗多岩石的行星是最有可能存在生命的星球之一，但前提是它的确存在。好几个杰出的研究团队在如何解读格利泽581g周围探测到的数据这个问题上存在分歧。

距离地球
20 光年
旅行时间
347377 年

5

鲸鱼座 τe
（Tau Ceti e）
基本情况
鲸鱼座τe在恒星宜居带的最里侧边缘运行。它可能与金星类似，产生了失控温室效应。如果生命要在这颗星球上生存，需要经受大约70摄氏度的高温。

距离地球
12 光年
旅行时间
206689 年

阳系附近已知有行星存在的星系。项目的目标是测量这些行星的半径，并且寻找其他尚未检测到的行星。

同时，NASA也准备在2017年发射"系外凌日[①]现象观测卫星"（Transiting Exoplanet Survey Satellite, TESS）。这颗卫星装载了四个广角望远镜，将观测到500000个在空中穿行的星球，其中有许多都位于卫星附近。负责这一任务的团队预计卫星可能会发现1000～10000个新的系外行星。

以上两项任务和开普勒望远镜一样，都是靠"凌日法"探测系外行星的。使用的探测器越灵敏，越能记录到体积小的行星。西格教授对系外凌日现象观测卫星的性能信心满满，她说："一旦某颗岩质行星经过一颗小恒星的宜居带，我们就会发现它。"

这是因为系外凌日现象观测卫星能够通过行星经过恒星边缘时，恒星光芒消失的时间长短来测量行星的直径。但要断定那颗行星上是否存在生命，还需要天文学家分析行星的大气，

① 凌日（Transit）：一种天文现象，通常指地内行星（如金星）从地球与太阳之间经过，在地球上就可观察到有黑点从太阳经过。系外凌日现象，顾名思义，指太阳系以外其他星系发生类似现象。

系外凌日现象观测卫星望远镜观测到的天空将是之前任何太空探索计划观测到天空面积的 400 倍

宜居行星的必备物品清单

要容纳我们所知的生命，任何星球都至少需要准备下列中三种必需品

水

生命需要一种溶剂来溶解其所必需的化学物质。水是最理想的溶剂，因为水在很广的温度范围内都能维持液态。

一定的温度

要使水保持液态，温度不能过低。行星的温度取决于恒星的亮度、与恒星的距离，以及自身大气层中的气体组成。

看是否能找到"透露"生命迹象的气体。比如在地球上，氧气和甲烷的存在就非常明确地表明地球上广泛分布着生物。

不管是 ESA 的系外行星特性探测卫星，还是 NASA 的系外凌日现象观测卫星，都无法检测大气中的气体。实际上，要这样做，卫星就需要完成一项极其特殊的使命，这里天文学家所说的"极其特殊"，就相当于"风险大"和"成本高"。

美国加州大学伯克利分校的杰夫·马尔西（Geoff Marcy）教授是系外行星探测方面的领头人。他和同事们已经发现并研究了 250 多颗太阳系外的行星，包括第一个多行星星系。

自 20 世纪 90 年代以来，他们不懈钻研，开发出探寻体积更小的行星的技术。他明白要分析一个地球大小的系外行星的光线有多么困难，因为在 21 世纪初他就参与到了这一任务的执行中。

大西洋两岸都呈现出对系外行星探寻不断高涨的积极态度：ESA 正筹备着达尔文（Darwin）计划，NASA 也启动了一个类似任务，叫作"类地行星发现者"（Terrestrial Planet Finder）。这两个任务的目标都是对地球周边体积和地球相似的行星的大气层进行研究，寻找能够表示出生命存在迹象的气体。ESA 和 NASA 已经注入了大量资金用于开发完成任务所需的技术。这两项计划设想用一组同时工作的太空望远镜来捕捉来自行星的微弱光点，这种设想可以说是十分大胆的。

马尔西教授说："资金被技术研发团队用来研制望远镜的镜片和探测器、提升其稳定性以及开展整体的设计和建造。但到最后，没人能够设计出可以实际操作的计划。"

到 2005 年，由于缺乏成熟的技术，团队成员暂停工作进行反思。随

"但到最后，没人能够设计出可以实际操作的计划。"

碳

　　碳是一种极其优越的构成生命的材料。碳为我们的 DNA 提供了基础成分，因为碳十分稳定，可以多种方式与其他原子结合。

保护层

　　地球上的磁场和臭氧层保护生物免受辐射，辐射在太空中再平常不过，它可以摧毁 DNA。

后出现了经济危机，资金来源也随之枯竭了。"你根本不可能在那个时候去找 ESA 或者美国国会，向他们要一笔 10 亿美元的资金"，马尔西教授补充道。

　　但并不是所有的努力都付诸东流。NASA 和 ESA 将于 2018 年共同发射"詹姆斯·韦伯"太空望远镜。这个镜面足有 6.5 米长的巨大望远镜可以研究那些最有可能存在生命的小体积行星的大气环境，同时还能够将这些宝贵经验记录下来，用于研究体形较大的行星。也许很快，"詹姆斯·韦伯"太空望远镜的这个功能就会有用武之地了。

不为人知的计划

　　NASA 组建了两个专门研究设计类似于类地行星发现者的系统的团队，就这样悄无声息地重新开启了外星生命搜寻计划。西格教授是其中一个团队的主持人，同时还在进行一个叫作"遮星板"（Starshade）的计划，即在太空中撑开一个伞状的遮星板，可以遮住来自目标行星的光芒，但遮星板的边缘还是围绕着一圈光。遮星板对行星的光波长进行检测后，可以释放出这颗行星大气层中的气体，便可了解气体中是否有生命的迹象。团队需要在 2015 年以前用 10 亿美元以

内的预算实现这一遮星板的设想，到 2015 年会对遮星板计划进行审查，决定是否真正执行这个计划。

　　"以前，我们只能在口头上说我们觉得宇宙中存在宜居星球，但我们根本接触不到这些星球，我们可能根本找不到它们，"西格教授说道，"现在，我们就快要有机会真正在太空中搜寻生命迹象了，这在历史上还是头一次。"这是一个值得我们为之不懈追求的目标。

斯图尔特·克拉克博士（Dr Stuart Clark）

流浪行星上的生命

这些行星，它们没有围着恒星公转，也不属于任何星系，但是在过去近 20 年中，这些无家可归、在太空中四处流浪的星球成为了最有可能存在地外生命的行星。

存在生命的游牧行星沿着自己的轨迹在宇宙中运行。这些行星不像太阳系中的八大行星那样沿着固定的椭圆轨道绕恒星旋转，而是在行星系中沿着自己的路线飞驰，这是因为游牧行星直接绕着银河系的质量中心运行。

我们之前在科幻作品中可能见过这种诺亚方舟式的星球。从电视剧《星际迷航：深空九号》到热门电游和书籍 [《权利的游戏》系列小说作者乔治·雷蒙德·理查德·马丁（George R R Martin）的第一本小说《光逝》（*Dying of the Light*），描写的就是这样一个游牧星球]，流浪星球、星际星球或者游牧星球的概念几十年以来频繁地出现在观众和读者的视野里。但是在 1998 年，加州理工学院行星科学教授大卫·J·史蒂文森（David J Stevenson）在论文《论星际空间中存在有生命的行星的可能性》为"漫游行星可能确实是地外生命存活的理想地点"这一概念提供了理论基础。

当被问及行星如何能够在没有母星提供热和能量的情况下维持生命时，史蒂文森教授这样解释道："阳光固然很好，但对我们已知的生命来说并不是必不可少的。尽管对于我们人类如此大的生物量[1] 而言，阳光的确是必需品。"

---

[1] 生物量：指单位面积内存活的有机物的总量，用单位面积内有机物的活重或干重（kg/m^2 或 t/hm^2）表示。

距地球最近的
游牧行星

对于这颗离地球最近的游牧行星，我们的了解又有多少呢？

　　CFBDSIR 2149-0403 是我们至今发现的距地球最近的流浪行星。它的名字可能听起来一点也不花哨，它甚至可能从技术上来说根本不是颗流浪行星，但这个叫作 CFBDSIR 2149-0403 的天体，确切来说，是 CFBDSIR J214947.2-040308.9，在 2012 年首次被天文学家发现的时候可引起了不小的轰动。

　　这颗星球由加法棕矮星巡天计划（Canada-France Brown Dwarfs Survey）发现，因此根据这个计划的首字母缩写命名 [其中"IR"代表"红外线"（InfraRed），因为它是被广域红外照相机观测到的，后面跟着的一串数字表示所在的坐标]。它是我们目前所知距地球最近的星际行星，距离太阳系不到 100 光年。

　　可是，在这颗星上找到邻居的梦想可能不得不先搁置下来了——即使在这颗行星上发现了甲烷，但行星的体积足有木星的 4 ~ 7 倍，它太巨大，不适于生命存活。虽然这个天体并不围绕恒星公转，它可能跟随一整组叫作"剑鱼座 AB 移动星群"（AB Doradus Moving Group）的恒星一起在太空中运行 [根据欧洲南方天文台（European Southern Observatory）的《天文与天体物理学报》，此可能性是 87%]。

　　由于我们还无法确定它的年龄和形成的方式，所以还不能断定它到底是行星还是棕矮星。不管它归属哪一类，它在太空中的行迹，以及和它一同行动的伙伴们已经引起了全世界媒体对流浪行星之谜的兴趣。

冒纳凯阿火山的加法夏望远镜在流浪行星探测过程中起到了关键的作用

流浪行星的诞生

尽管对于流浪行星准确的形成过程没有一致的说法，但大阪大学天体物理学家高广寿美（Takahiro Sumi）的研究已经直接导致多个流浪行星被发现。根据高广教授的说法，目前有两个理论比较出名："我们推测流浪行星要么可能是最初也绕着恒星旋转的行星，后来受到外力被弹出原轨道，散落在太空中，或者是像恒星那样由星际介质中气体和尘埃的坍缩形成。"

我们很容易就能想象出，不属于任何一个恒星的流浪行星，其接受不到任何热量而在太空漫游的情形。然而，流浪行星上的大气压强，以及行星内核放射性衰变释放的内热能够保

持足够高的表面温度，再加上行星的地表条件和地球海洋中发现的最深点的地表条件相似，这能够让行星上的海洋维持在液体状态。其实，正是由于没有恒星，这个过程才有可能发生：恒星释放的紫外线可能削弱大气层、降低大气压强，这就可能引起行星的气温迅速下降，无法维持水的液体状态。而这些流浪行星上的水很有可能就是生命诞生之池，虽然所谓的生命很可能只是单细胞生物和细菌。

宇宙中不乏有可能存在生命的流浪行星。

行星的体积对于维持液态水来说是最重要的条件。"质量和地球相似的星球，大气层可能是最合适的，"

史蒂文森教授说道，"如果体积再大一点，它的大气层可能就会变得过于稠密，那么这颗行星的气温就会过热。如果体积再小一点，可能就会过冷。但是，从火星的三倍大小到地球的三倍大小之间的体积都可能是合适的。"

幸运的是，有很多这样大小的行星在巨型行星形成的时候诞生，然后分散在了星系中，所以宇宙中不乏有可能存在生命的流浪行星。

和恒星一样常见

那么到底有多少颗流浪行星等待我们去发现呢？高广寿美教授说："我们估计这样的流浪行星在太空中就和恒星一样常见。"银河系中的恒星大约有 1000 亿到 4000 亿颗，这

这是一幅艺术家对一颗类木流浪行星的想象画。这颗行星是"天文物理重力微透镜观测"项目（Microlensing Observations in Astrophysics）在巡天观测中发现的

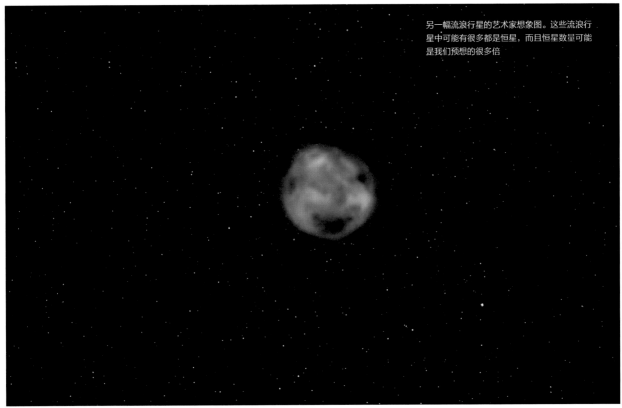

另一幅流浪行星的艺术家想象图。这些流浪行星中可能有很多都是恒星，而且恒星数量可能是我们预想的很多倍

个数字听起来的确高得吓人，但还有人说这其实是相当保守的估计。2013年美国卡弗里粒子天体物理与宇宙学研究所（Kavli Institute for Particle Astrophysics and Cosmology）估计，各种体积的流浪行星的总数可能是银河中恒星数量的10万倍。

虽然知道流浪行星的存在，我们目前面临的问题是要探测这些流浪行星极为困难。我们目前使用一种叫作"微引力透镜"的技术来辨别流浪行星。这一技术来自广义相对论的预测，即每当行星经过背景天体时，背景天体发出的光会在行星周围发生扭曲，亮度随之增强。目前，我们已经用新西兰的约翰山天文台（Mt John Observatory）和加法夏望远镜（Canada France Hawaii Telescope）找到了一些可能是流浪行星的天体，但如果要更好地进行观测，我们需要精准度更高的设备，要能够探测到体积和地球相仿的星际行星。这种设备离我们并不遥远，它就是NASA计划在21世纪20年代中期发射的"广域红外巡天望远镜"（Field Infrared Survey Telescope）。

另外，我们也可以尝试观测近距离经过地球的行星。2012年"世界末日"论称地球会被一颗叫作"尼比鲁"（Nibiru）的流浪行星撞击至彻底毁灭，这个说法明显是完全错误的，但它其实是对银河系中流浪行星数量的一个保守估计，我们因此认为，也许可以发现一颗比半人马座α星C（Alpha Centauri C）距离我们更近的行星。半人马座α星C是目前除太阳外距离地球第二近的恒星，据地球仅4.25光年。

幸好，这仍旧是个遥远的距离，所以我们无须担心和火星一般大的忒伊亚星（Theia）撞击地球（撞击的碎片形成了我们今天看到的月球）的一幕重演。

马修·佩利特

流浪行星上的生命大概是什么样

没有母星作为能量来源，生命如何在流浪行星上发源，又如何走向灭亡呢？

热液喷口

在地球上，生命体的整个生物群落围绕着叫作热液喷口的海床裂缝生存。化学家根特·维奇特萧瑟（Günter Wächtershäuser）在他的铁硫世界学说（iron-sulphur world theory）中提出，这些洞口喷涌出的温度高、矿物丰富的水能够将行星核附近生成的氨基酸注入能够产生原始细胞的环境中，从而创造生命。

闪电及火山闪电

闪电创造生命的概念并非妄想。1953年，米勒－尤里实验证明在适当的大气条件中，类似闪电的反应可以从无机物质中产生生命必需的有机化合物。2008年，当时实验用的设备又被拿来测试，结果发现了多种氨基酸。

地球和流浪行星之间不太可能发生碰撞，尽管之前发生过这种碰撞，结果就是我们有了月球

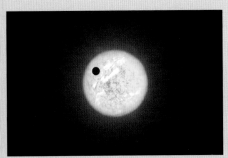

阳光

流浪行星没有母星，但这并不代表它从来都没有过。有一种可能是某个流浪星球曾经是行星系中的一员，像地球那样有了生命的起源，而后却被靠近的"热木星"（hot Jupiter）的引力场逐出其所在行星系。所谓的"热木星"就是非常接近母星，围绕母星运行的巨大行星。

辐射

深层地下水中的细菌可以依靠铀释放的辐射生存。没人想看到多细胞的基因突变生物在流浪行星上踏着沉重的脚步，大口吞咽放射性岩石，并长出多余的四肢这种恐怖的画面，但我们可以理解的是，地球之外的细菌可能是依靠辐射的副产品，以及附近的化合物来进行新陈代谢的。

严寒

除了末日大碰撞的设想以外，流浪行星上最可能造成生物灭绝的原因就是寒冷了。大小适中的流浪星球上的蓄热保温能力并不是无限的。数十亿年以后，行星上的气温开始随着行星的寿命渐尽而慢慢下降，行星上的生命也就随之灭绝了。

寻找遥远的卫星

天文学家们正在寻找太阳系以外的卫星——比起它们绕着转的行星，这些卫星本身更有可能孕育着外星生命。

不久以前，"遥远的行星上居住着外星人的可能性"还是不少科幻作品唯一的话题，比如《神秘博士》中加里弗雷（Gallifrey）星球上的时间领主，《氪星》系列电视剧中的超级英雄，以及阿斯加德里手握铁锤的神。然而，由于天文学家现在已经发现了许多不同类型的系外行星（即太阳系以外的行星），科幻作品很快便与现实接轨了。

除了讲述系外行星的故事，科幻作品也描绘了系外行星的卫星上生命繁衍不息的景象，你也可以把这些卫星称作"系外卫星"。描写这方面题材比较出名的作品有《星球大战》，

其中描写了一个叫作恩多（Endor）的森林卫星，是伊沃克人（Ewoks）的家园；电影《阿凡达》则描绘了一个绿树葱茏的卫星潘多拉（Pandora）。现在，正如之前对系外行星的探测那样，通过使用天文望远镜，人类开始把寻找系外卫星的梦想照进现实。

美国圣母大学（University of Notre Dame）的天文学家丹尼尔·本内特教授（Daniel Bennett）表示："我们正使用一种叫作微引力透镜的技术来寻找系外行星。"微引力透镜技术利用的是光能被重力扭曲的原理。如果某个物体从一个遥远的恒星面前

太阳系中的卫星上可能会有液态水，尽管它们并
不位于公认的宜居带中（下方绿色区域）

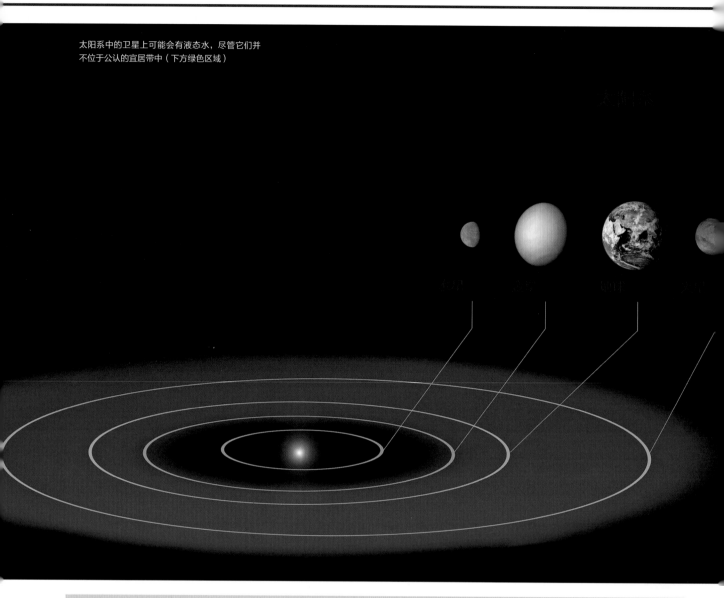

扩大的宜居带

拉伸和挤压运动也许会带给卫星一些小帮助。

一直以来，天文学家的注意力都集中在恒星的宜居带上。宜居带是恒星周围能够让行星保持适宜温度，从而保证生命必需的液态水存在的地带。例如，地球离太阳不会太近，水不至于热到沸腾，同时也不会离太阳太远，水不至于冷到结冰。宜居带不过热、也不过冷，常被人戏称为"金发女孩地带"（Goldilocks Zone），因为这里正适合娇嫩的生命存活。

然而，系外卫星却不走寻常路。辐射只是保持星球温暖的可能方式之一。行星可以用自身的引力对卫星进行拉伸和压缩，这就是潮汐加热现象，这个过程也可以带给卫星一些热量。因此，在宜居区以外围绕行星旋转的卫星仍然可以从潮汐加热中储存来自恒星的热量，保持水呈液体状态。这就让宜居区至少扩大了一倍。例如，木星对木卫二有巨大的引力。这使得木卫二的深层地下海洋保持液体状态，才使其成为潜在的外星生命居住地。其他星系的卫星是否也存在着不为我们所知的秘密海洋呢？

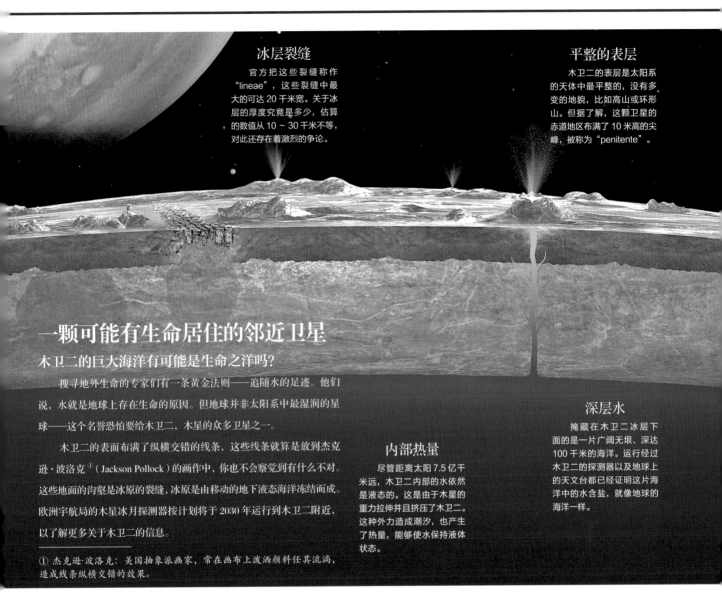

冰层裂缝

官方把这些裂缝称作"lineae"，这些裂缝中最大的可达 20 千米宽。关于冰层的厚度究竟是多少，估算的数值从 10 ~ 30 千米不等，对此还存在着激烈的争论。

平整的表层

木卫二的表层是太阳系的天体中最平整的，没有多变的地貌，比如高山或环形山。但据了解，这颗卫星的赤道地区布满了 10 米高的尖峰，被称为"penitente"。

一颗可能有生命居住的邻近卫星

木卫二的巨大海洋有可能是生命之洋吗？

搜寻地外生命的专家们有一条黄金法则——追随水的足迹。他们说，水就是地球上存在生命的原因。但地球并非太阳系中最湿润的星球——这个名誉恐怕要给木卫二，木星的众多卫星之一。

木卫二的表面布满了纵横交错的线条，这些线条就算是放到杰克逊·波洛克[①]（Jackson Pollock）的画作中，你也不会察觉到有什么不对。这些地面的沟壑是冰原的裂缝，冰原是由移动的地下液态海洋冻结而成。欧洲宇航局的木星冰月探测器按计划将于 2030 年运行到木卫二附近，以了解更多关于木卫二的信息。

――――――――
① 杰克逊·波洛克：美国抽象派画家，常在画布上泼洒颜料任其流淌，造成线条纵横交错的效果。

内部热量

尽管距离太阳 7.5 亿千米远，木卫二内部的水依然是液态的。这是由于木星的重力拉伸并且挤压了木卫二。这种外力造成潮汐，也产生了热量，能够使水保持液体状态。

深层水

掩藏在木卫二冰层下面的是一片广阔无垠、深达 100 千米的海洋。运行经过木卫二的探测器以及地球上的天文台都已经证明这片海洋中的水含盐，就像地球的海洋一样。

经过，该物体的重力能够使恒星的光芒聚焦，就像透镜一样，因此恒星的光芒亮度能在短时间内变大。通过使用这一技术，本内特教授可能会首次发现系外卫星的踪迹。本内特教授表示，通过使用新西兰的天文物理重力微透镜观测二号望远镜，他已经观测到一颗恒星的亮度有明显增强，一小时之后，亮度又有了第二次小幅度增强。某个巨大的物体一定经过了恒星的面前，后头还跟着一个体积较小的物体，所以才有了第二次的亮度变化。本内特教授已经计算出了两个物体的质量比，大约是 2000 : 1。本内特教授说："对这个数据最合理的解释，就是一颗行星后面跟着一颗卫星。"但这其中也有难题，亮度的变化只能透露出两个物体的相对质量比，却无法告诉我们这两个物体离我们是近还是远，不管是近还是远，得到的结果都一样。如果它们离我们很近，它

天文物理重力微透镜观测二号望远镜可能会观测到第一颗系外卫星

开普勒望远镜于 2009 年发射,现在被用于寻找遥远的卫星

们可能很小,有可能是一颗行星带着一颗卫星。但如果它们距离我们很远,它们可能是一颗小型恒星与一颗巨大的行星。令人失望的是,我们可能再也无法弄清楚这个问题了,因为微引力透镜要求观测到的物体和远距离恒星处在一条精准的直线上,而这种精确对齐发生第二次的概率非常低。

这是我们发现的第一颗系外卫星,它和科幻作品中的任何卫星都不一样。从光被放大的方式看,这些物体似乎并不围绕着它们经过的那颗恒星旋转,相反,它们似乎是被抛到了运行轨道外,在茫茫宇宙中飘浮——这并不是生命生存的理想条件。那么,有没有可能找到一颗更加宜居的系外卫星呢?哈佛大学的大卫·基平(David Kipping)博士对这个问题的回答是肯

定的。

基平博士是一个天文学家团队的队长,他们专门搜集 NASA 的开普勒太空望远镜的数据,看数据中是否有系外卫星存在的证据。开普勒望远镜在它的指向设备 2013 年发生故障之前,已经通过搜索行星经过恒星面前时,恒星光芒中出现的暗点来寻找系外行星了,这个方法叫作"凌日法"。如果每隔一定时间就出现暗点,就证明发现了一个具有连续轨道的陌生星系。

基平博士相信人类可以发现随行星运动的系外卫星,因为卫星的重力能够引起行星轻微的"晃动"。他说:"如果你观察到行星晃动的现象,就说明五分钟前后可能会发生卫星凌日。"也有可能出现恒星光芒第二次形成暗点的情形,这是由于卫星本身运行到

了行星和恒星之间。

大规模搜寻

基平博士和他的团队选择了约 250 个系外行星,试图找到这些行星的卫星,这项工作是 "用开普勒搜寻系外卫星" 计划(Hunt for Exomoons with Kepler, HEK)的一部分。他的团队正不紧不慢地一个个攻克每一颗行星,运用详尽的计算机分析来寻找行星晃动以及恒星光芒二次变暗的证据。

基平博士说:"即使是用你书桌上的个人电脑来计算其中一颗行星的数据,也得花上 50 年的时间。"好在他的团队拥有大量的计算机进行数据分析,所以他们才能在两年中完成了对 17 颗行星的分析工作。他们现在仍

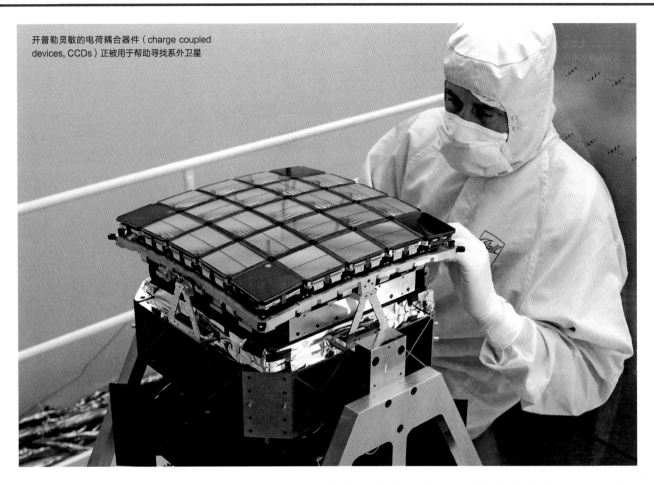

开普勒灵敏的电荷耦合器件（charge coupled devices, CCDs）正被用于帮助寻找系外卫星

开普勒已经发现了数百颗新行星，其中有许多可能都拥有卫星

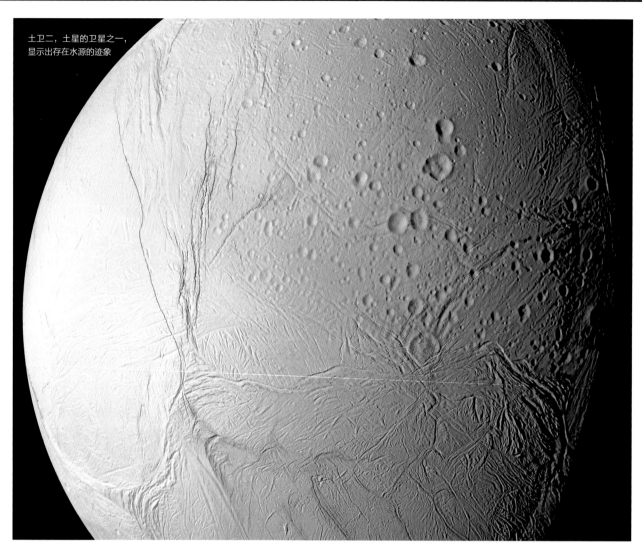

土卫二，土星的卫星之一，
显示出存在水源的迹象

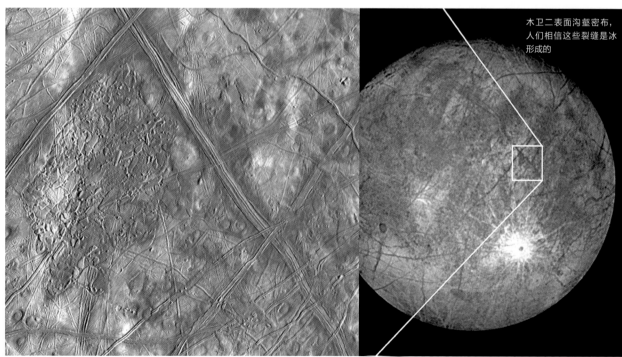

木卫二表面沟壑密布，
人们相信这些裂缝是冰
形成的

系外行星 Gliese 581 g
正处于其恒星的宜居带
中，围绕它运行的任何卫
星也很可能位于宜居带

然在改进软件设计，增加更多的硬件设施，这些努力使得基平博士相信他们能在未来两到三年内分析完 100 颗行星。他是否真的能找到他想找的东西呢？"我的态度很乐观，"他这样回答，"但我们使得开普勒望远镜达到了它的极限，它的工作范围远远超出了当初设计它时的目标。"团队面临的挑战，是要从恒星的自然变化中捕捉到系外卫星的迹象。一旦发现一颗确定的系外卫星，它将会打开更多科学发现的大门，就像 20 世纪 90 年代人类首次发现系外行星一样。

搜索系外卫星可能是一项艰苦卓

"我们使得开普勒望远镜达到了它的极限，它的工作范围远远超出了当初设计它时的目标。"

绝的工作，但如果我们自己所在的太阳系有这类卫星经过，这将是一个极具价值的科学发现。英国莱斯特大学（University of Leicester）的刘易斯·达特内尔（Lewis Dartnell）博士说："在银河系中，围绕巨大的气态行星运行的冰冻的卫星比起类地行星来说，

可能是更为常见的宜居地。"毕竟，就我们太阳系而言，就只有 8 颗行星，却足足有 145 颗卫星（并且还有 28 颗新发现的卫星尚未得到确认）。

水世界

如果液态水是维持生命的关键，那么太阳系中有些卫星已经具备这个条件了。人们很久以前就认为木星的木卫二在它地表的冰层下隐藏着一个巨大的液态水大洋（见第 69 页"一颗可能有生命居住的邻近卫星"）。哈勃望远镜（Hubble）拍摄的照片显示木卫二可能正往太空喷水，而且之前

是否存在液态水是一颗系外卫星能否孕育生命的关键

已经捕捉到土卫二上有类似的活动。

这些卫星和各自所属的行星之间的引力相互作用，意味着虽然它们都处在太阳系寒冷的外部区域（见第68页"扩大的宜居带"），依然可以储存液态水。类似的情况可能也会发生在其他星系。这些证据都增加了在系外行星上搜寻到地外生物的可能性，我们可能也可以通过它们了解太阳系是如何形成的。

纽约哥伦比亚大学的凯莱布·沙夫（Caleb Scharf）教授说道："我们需要对系外卫星有所了解，因为它们与整个行星形成的过程密切相关。"目前对于行星如何落入稳定的运行轨道的计算机模拟没有将卫星也围绕恒星运转的可能纳入考虑之中。然而，处在幼年时期的太阳的引力并不稳定，各个行星之间经常互相把对方推到不同的轨道中，此时，你也许会想"由于受到撞击，从行星上被撞落的部分就成为卫星，卫星从此以后也围着恒星打转了"。这表明某些地球大小的系外行星可能在诞生时其实是系外卫星，就像沙夫教授说的，"对系外卫星的了解或许可以指引我们分辨不同星球的形成模式"。

未来的研究

"用开普勒搜寻系外卫星"计划团队也许会增进我们对系外卫星的了解，可是如果他们找到的"猎物"最后证实不是系外卫星的话，对系外卫星的搜寻任务可能会落在下一代天文望远镜的肩上。2014年2月，欧洲航天局批准了耗资8亿欧元的"柏拉图"（Plato）望远镜。这架望远镜将于2024年发射，它的任务是要寻找富有岩石和水的行星。然而，寻找系外卫星的天文学家同时也可以参考基平博士用开普勒望远镜收集的数据。基平博士说："柏拉图的灵敏度可以与开普勒相媲美，因此可以给我们提供另一个探测系外卫星的机会。"

没有人对系外卫星的存在表示怀疑。本内特教授可能已经发现了一颗，基平博士可能也会根据开普勒的数据发现另一颗。或者，我们可能还得依靠下一代更先进的天文望远镜。潘多拉星到底是不是存在呢？让我们拭目以待吧！

科林·斯图尔特（Colin Stuart）

杰夫·马尔西教授的问答时间

深入太空寻找系外卫星过程中的挑战和机遇。

问：您为何对系外卫星感兴趣？

答：当你看向我们的太阳系，你会发现卫星形成的过程是多么高效，尤其是巨大行星附近的卫星。如果是其他星系，我们面临的则是一组完全不同的天体，其中也许存在一些之前没有发现的小型岩态卫星。它们的种类很可能和行星一样丰富，它们对于寻找能够孕育生命的星球来说，是一片全新的领域。

问：我们是否应该在搜寻系外卫星上加倍努力？

答：理想世界中的人类可能对这个话题的兴趣更大吧。当我们回想100年前，也许会发现当时的人对于"宜居环境"的概念是非常狭隘的。实际上，由于潮汐加热作用，巨型行星周围的卫星可能跟我们现在正在寻找的类地行星一样，也是适宜生命居住的。

问：那么现在致力于搜寻系外卫星的人为什么不多？

答：我认为是因为探测系外卫星很困难。但30年前，大家都笑那些声称要寻找系外行星的人是疯子，而如今大家都研究系外行星。所以今天的系外卫星搜寻也许正处在和30年前搜寻系外行星一样的时期。

问：为何发现它们是如此困难？

答：开普勒发现的一颗潜在的系外卫星比我们预期的更不稳定。这里说的不稳定不是说有太阳黑子和耀斑，而是恒星自然发出的闪光。这就影响到你测量的方式，筛选包括卫星在内的小型天体的工作因此变得越发困难。也许要依靠下一代更先进的太空望远镜才能更加轻松地研究系外卫星了。

我们的太阳系中，尽管只有 8 颗行星，却有 170 多颗卫星

科幻作品中的卫星

幻想世界中的神奇星球

恩多星的第二卫星

这颗星球出现在《星球大战第五季：绝地武士归来》中，是浑身毛发的伊沃克人的家乡。其他智慧物种也居住在这颗星球上，包括亚扎姆人（Yuzzums），戈夫人（Gorphs）以及普洛克人（Puloks）。

潘多拉星

这是一颗围绕着巨大行星波吕斐摩斯（Polyphemus）运行的卫星，大小和地球差不多。潘多拉星是詹姆斯·卡梅伦（James Cameron）导演2009年的电影作品《阿凡达》中蓝皮肤的纳威人（Na'vi）的家园。人类前往潘多拉星搜寻稀有的"不可得"矿石（unobtainium），一场人类和纳威人的领土之争就此展开。

月球

地球自己的卫星也是许多科幻故事中外星人的家园。1985年的"月球大骗局"（The Great Moon Hoax）事件，就是有人在《纽约太阳报》发布了六篇蓄意捏造的新闻，声称已经借助望远镜发现了月球上的"蝙蝠人"和两足海狸。

你问我答
激光怎样帮助我们找到智慧外星人的所在地？

杰夫·马尔西教授的问答时间

问：是什么吸引了你参与到智慧外星人的搜寻工作中来？

答：我有些新想法可能会对这方面工作有所帮助。我也想用一些之前从未用过的新技术，展开新的搜索。

问：你为搜寻工作带来了什么新内容？

答：现在因为使用了激光，我们的卫星与地面之间，以及卫星与卫星之间沟通变多了。如果我们在火星上有属地（人类将在 100 年内或者更短时间内做到这一点），我们将会用激光和属地交流，因为光能够每秒钟传输千兆比特[1]的信息。这

使我们想到，我们应该在太空中搜寻其他文明发射的激光束，而这就是我现在正在做的工作。

问：你们在搜寻上花多久时间？

答：我正在使用夏威夷的凯克望远镜来寻找并判断其他星系的行星的性质。每年有 70 到 80 天晚上，我们都通过拍摄分辨率极其高的光谱（将星球发出的光拆分成不同的颜色）来考察这些行星。因为望远镜非常大，所以光谱图的质量很高。我们在光谱图中寻找激光，用来研究这些行星。

问：所以你们在用同一组数据，

一边搜寻宜居行星，一边搜寻外星智慧生命？

答：是的，我们在寻找以及研究大小和地球相似的系外行星，你可能认为这是更为常规的搜寻工作，但同时我们也顺便搜寻外星生命的迹象。这两项工作是同时进行、相辅相成的。

> **我们应该在太空中搜寻其他文明发射的激光束，而这就是我现在正在做的工作。**

---

① 千兆比特：10^9 比特，相当于十亿比特。

夏威夷岛的冒纳凯阿火山山顶上的凯克天文台
（VM Keck Observatory）正被用于搜寻
外星智慧生命

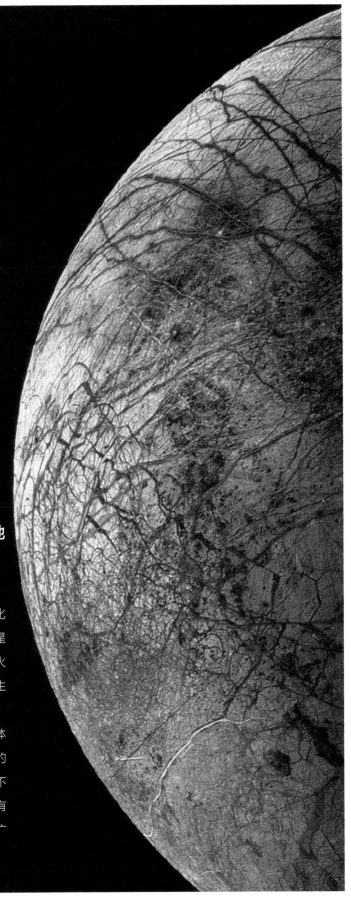

太阳系中其他地方的生命

地外生命是否可能就潜伏在我们地球的附近?

木星的木卫二的冰冻表层之下蕴含的水可能比地球上所有海水还要多。NASA 的"好奇号"火星车也发现越来越多的矿物学证据,证明在过去,火星上存在充足的水。如果火星上有水,可能也有生命存在。

在太阳系其他星球上寻找生命的过程中,天体生物学家能够比较地外生命与地球生命化学成分的异同。例如,地外生命是不是依靠一种与 DNA 不同的分子生存的? 如果真是这样,这就表明生命有许多不同的形式,那么生命在银河系中就应该是广泛存在的。

98

3 恒星

080 恒星的生命周期

086 我们的恒星

088 星座

092 宇宙中的云

094 辨别夜空中的恒星

098 观星新仪器

100 星系：天体大联盟

102 光的踪迹

104 你问我答

89

105

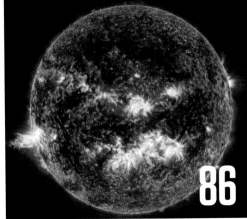

86

恒星的生命周期

有些恒星爆炸了，有些则默默地消逝在黑暗之中，可如果不是所有物质都形成于炽热的恒星核，宇宙中就不会有那么多有趣的事物了。

在漆黑如墨的宇宙空间，一团尘埃定格在空中。它从几十亿年前就一直保持这个状态，偶尔受到银河系中其他天体活动的微弱引力的挤压。

时间继续流逝，可是没什么特别的事发生。但是，终于一波强大的引力穿过了这团尘埃，或许这是一颗遥远的超新星发射的冲击波。现在，这团尘埃因受力而体积变小，并且开始在自身引力的影响下收缩。

恒星诞生

这团主要由氢原子和氦原子构成的尘埃，开始聚集并进行自转。同时，它从它的母云（即星云）处吸引了越来越多的物质。随着这团聚集成块状

的尘埃越来越大，其中受到挤压的物质产生的压力让温度升高。它继续变大，温度也越来越高，最后它成为了旋转的炽热气态球体。然后，一颗恒星即将诞生。接下来就要看这颗原恒星能够聚集多少物质了。

一些原恒星的质量不足太阳的8%，无法达到氢的核聚变需要的温度——1000万摄氏度左右。在这些无法形成恒星的原恒星中，有的体积能达到木星的13倍以上，它们生成的热量足以创造出氘，然后就变成了棕矮星。至于那些体积更小的，如果它们绕着另一个天体旋转的话，就成为行星。

但是这些原行星中的巨人——能

这团主要由氢原子和氦原子构成的尘埃，开始聚集并且进行自转。同时，它从它的母云处吸引了越来越多的物质。

1. 恒星从星云中产生，星云由宇宙尘埃组成，被称为恒星的温床

够产生氢核聚变的星球——开始稳定下来。它们的核所释放的能量抵消了引力作用，让自身不再继续收缩，于是它们开始进入主星序当中。在这一阶段，恒星核聚集的氢慢慢变成了氦。这个转变过程的长短取决于恒星的体积——超巨星用几百万年就可以完成，而那些温度较低体积较小的红矮星要花几千亿年。我们自己的恒星——太阳体形属于中等水平，科学家认为它

在100亿年的生命中尚处壮年。而恒星体内的氢何时耗尽，这也取决于恒星的体积。

我们从未在质量较小的恒星中观察到这个过程，因为主星序完全成形的时间实在太长了，整个宇宙存在的时间还不足以完成这个过程。但是计算机模型显示，这些恒星的温度和亮度首先会慢慢上升，然后衰落，变成白矮星——大小和地球相仿但质量大

得多的球形物质。没有了燃料，恒星的核会在几十亿年间逐渐冷却，直到变成一颗黑矮星，永远地飘浮在宇宙无尽的黑暗中。

核聚变能

像太阳这样中等体积的恒星，成为了红巨星。随着红巨星的核发生坍缩，其内部的压强无法再抵御引力作用。坍缩过程中，恒星核释放的能量

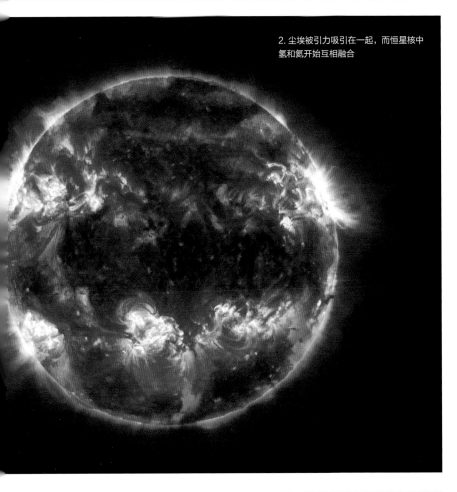

2. 尘埃被引力吸引在一起，而恒星核中氢和氦开始互相融合

3. 一旦氢被耗尽，恒星会膨胀到之前的几倍大，亮度也会大大增加

揭密哈勃望远镜

哈勃望远镜改变了人类看待宇宙历史的方式。

为了穿过地球那层厚厚的大气层，看清宇宙的面貌，人类在 1923 年首次提出将望远镜送到太空中的想法。NASA 在 20 世纪 60 年代进行了一些太空望远镜的实验，但直到 1990 年才发射了哈勃太空望远镜。在发射后的几周内，他们就发现一个问题——望远镜中一面镜子的形状出现了一点瑕疵。为了解决这个光学问题，科学家决定为望远镜戴上一副"眼镜"。用来弥补误差的这个仪器在 1993 年被发射，在这之前哈勃早已准备好随时待命。

哈勃望远镜拍摄了许多处在不同生命阶段的恒星，包括这些恒星诞生时所在的星云。哈勃的鼎盛时期之一是在 1995 年，天文学家将望远镜对准了一片完全黑暗的区域，结果发现了"哈勃深空"（Hubble Deep Field），这是一片拥有几乎 3000 个不同形状、不同大小、不同颜色的星系的区域，让我们亲眼见到宇宙 10 亿年前的样子。

至少到 2014 年哈勃望远镜都一直在给地球发送数据，预计到 2020 年左右，它的任务结束，将降落在地球上。哈勃的继任者詹姆斯·韦伯太空望远镜将于 2018 年被发射。

哈勃太空望远镜拍摄了许多经典的图像，它的使命生涯已经快要走到尽头

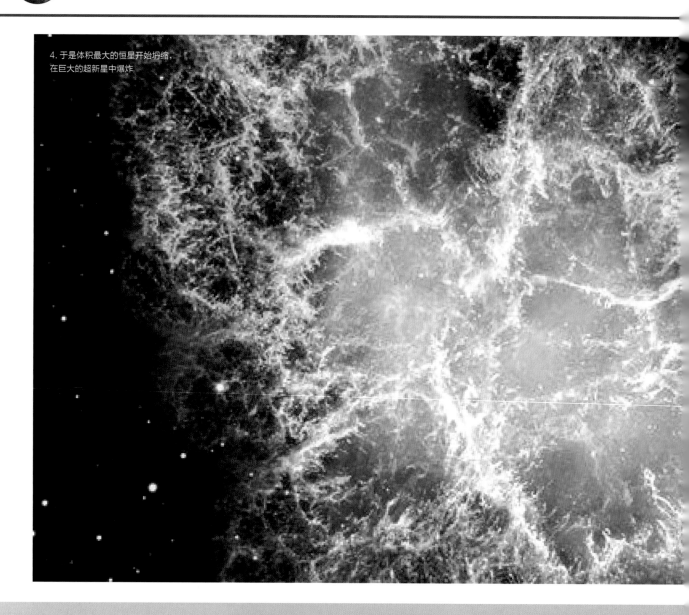

4. 于是体积最大的恒星开始坍缩，
在巨大的超新星中爆炸

最大的
五颗恒星

宇宙中有些恒星体积之大让人难以想象。右边这五颗恒星是我们已知最大的恒星，但宇宙中肯定还有其他惊人的庞然大物等待我们去发现。

盾牌座 UY（UY Scuti）

盾牌座 UY 是一颗位于盾牌座的红色特超巨星，体积是太阳的 1708 倍。从地球上看，它被宇宙尘埃所覆盖。如果把它放到我们太阳系的中心，它会把木星以内的一切物体都吞噬，而吞噬的范围刚好快延伸到土星。

天鹅座 NML（NML Cygni）

这颗恒星也是一颗红色的特超巨星，位于天鹅座内，距地球约 5300 光年。它的大小是太阳的 1650 倍，含有充足的氧。然而，天鹅座 NML 正向它周围的一个豆状星云喷射自身的物质。

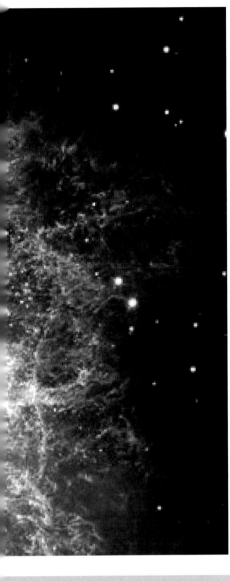

使周围的区域变热，于是这些区域开始燃烧氢，核聚变得以一直进行。而这一过程又让核的温度进一步升高，一直升高到氦开始融合。随后，恒星的外层扩张，开始冷却，不复从前的光亮。最后，恒星上的氦被耗尽，外层开始从核外剥落，形成行星状星云。外层剥落后剩下的恒星核成为白矮星。

宇宙大爆炸

体积大的恒星在灭亡时的场景更为壮观。它们的核更加炽热，将氢聚变成氦的时间比小型恒星用的时间短得多。随后氦会燃烧，聚变成为碳，碳又燃烧聚变成为氖，之后便沿着元素周期表一路聚变，直到最后变成铁。到这时，形成铁用掉的能量已经超过了形成过程中释放的能量，这就阻碍

了超新星现象——宇宙中最大型的爆炸——的发生。

在超新星爆炸的过程中，恒星核骤然坍缩。这一过程中释放的能量能将行星内部产出的所有元素以及大爆炸的热量中形成的一些新元素喷射到太空的远处。地球上每一个重元素（用天文学术语来说，重元素就是任何比氢和氦重的元素）中的每一个原子都是在这样一次大爆炸释放的热量中形成的。

大爆炸之后生成的可能是一颗体型不大但密度超高的中子星，一种质量是太阳的两倍，而宽度和英吉利海峡差不多的天体，或者生成的是密度比中子星还大、能够吸引包括光在内的任何物体的区域——黑洞。

邓肯·吉尔（Duncan Geere）

> 坍缩过程中，恒星核释放的能量使周围的区域变热，于是这些区域开始燃烧氢，核聚变得以一直进行。

WOH G64

这颗恒星位于大麦哲伦星系，距离我们163000光年。它是一颗红色的特超巨星，处在剑鱼座（Dorado）和山案座（Mensa）的边缘。它的半径是太阳的1540倍，但由于距地球太远，我们并不知道它的确切体积是多少。

维斯特卢1-26（Westerlund 1-26）

在天坛座内维斯特卢1超星团的边缘，你会发现恒星维斯特卢1-26。它大约是太阳的1530倍大。虽然我们几乎不可能用肉眼看到它发出的光亮，但它可以发射强烈的无线电波。

人马座VX（VX Sagittarii）

人马座VX位于人马座的深处，是一颗红色特超巨星，体积大约是太阳的1520倍。它每两年会发生搏动现象，温度范围在2800到3800摄氏度之间，并且在大气中表现出分子水存在的迹象。

辐射区

在辐射区的最外层，温度逐渐降到2000000摄氏度左右。在这个区域，太阳这个等离子体的密度依然很大，能量要穿过去平均需要170000年。科学家认为太阳磁场也发源于此处。

光球层（Photosphere）

太阳的光球层是一个显见面，也就是我们在地球上看到的太阳的样子。光球层上同样不平整，到处都是下方的电流对流形成的一粒一粒的"米粒组织"，每一粒的面积都相当于一个澳大利亚。由强烈的磁场活动形成的太阳黑子也位于光球层。

我们的恒星

探索太阳系中心的这颗等离子火焰球

几乎地球上所有生命都依靠太阳生存。几千年来，一代又一代人惊叹于太阳巨大的能量，但直到最近，我们才真正对太阳有所了解。

现在我们知道，太阳是大约45亿年前从一团巨型分子云中诞生的庞大等离子体球。附近的一个超新星爆炸产生的冲击波压缩了部分分子云，导致分子云受自身重力影响开始坍缩。随着物质聚集在分子云的中心，它的核的温度一直升高，直至核聚变发生。

太阳的结构

太阳的内部有什么？

要探究一颗直径达14000000千米、温度达几百万度、1.5亿千米开外的一颗等离子体火球内部的物质，实在是一项艰难的工作。但是我们可以使用一种叫作"日震学"（helioseismology）的技术，这是一门研究日震如何到达太阳内部的学问，它能帮我们了解一点儿有关太阳结构的知识。

正值壮年的恒星

科学家认为太阳正处于它生命的中期。54亿年以后，当太阳的氢被燃尽，它会生长到现在的两倍大，然后快速膨胀，直到变成现在的200倍大，同时亮度也会骤增。之后，它会变成一个红巨星，体积和亮度变得不稳定，随着核聚变的速度变慢，它消耗着最后的燃料，把自己剩余的物质喷射到宇宙的各个角落。

一切都消耗完之后，冷却后的物质变成白矮星，在宇宙中游荡上千亿年，随后逐渐失去光泽，最终消逝在

耀斑

每隔几天，太阳表面就会发生剧烈的喷射现象，产生的能量相当于50亿个原子弹同时爆炸，能够向太空喷射出大量的电子、离子和原子。这一现象叫作太阳耀斑，通常在一两天后，耀斑会到达地球，造成极地地区的极光现象。

对流区

在太阳的表层，气体的密度低到足以产生电流，这样核的热量就可以到达最表层，甚至"逃离"到太空中去。太阳的表层温度可以低至5500摄氏度左右。

一切都消耗完之后，冷却后的物质变成白矮星，在宇宙中游荡上千亿年。

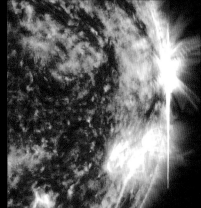

日冕（Corona）

太阳的最外层就叫日冕，你也可以把它看作太阳的大气层。日冕的温度比太阳表面高出许多倍，有时甚至比太阳核还要高。我们还不清楚为什么会发生这种现象，但我们怀疑太阳的磁力起了一部分作用。

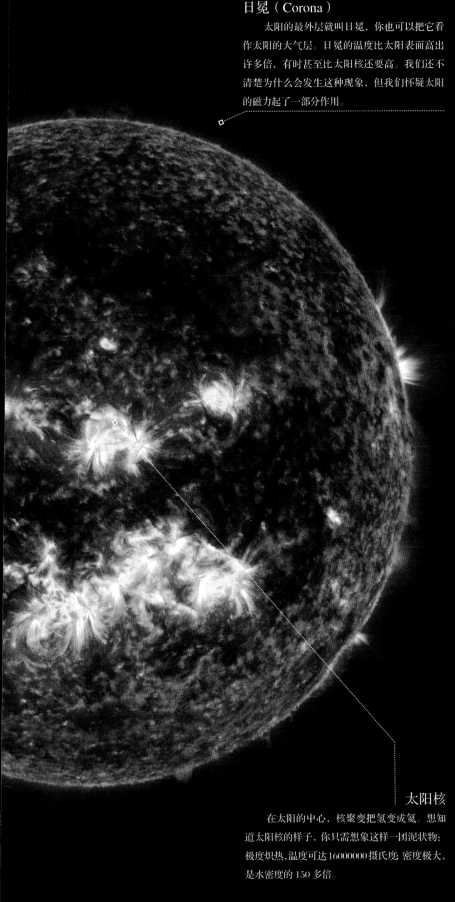

太阳核

在太阳的中心，核聚变把氢变成氦。想知道太阳核的样子，你只需想象这样一团泥状物：极度炽热，温度可达16000000摄氏度，密度极大，是水密度的150多倍。

太阳的气体

太阳到底是什么做的？

太阳主要是由氢和氦组成的，分别占其成分的 74.9% 和 23.8%。太阳中约有 1% 是氧，其余的都是微量元素，比如碳（0.3%）、氖（0.2%）以及铁（0.2%）。

有趣的是，这些物质是从哪儿来的呢？就在宇宙大爆炸发生的 10 秒到 20 分钟内，太阳上的氢和氦就在一个叫作"太初核合成"（primordial nucleosynthesis）的过程中形成了。而其他物质来自那些比太阳大得多的恒星，它们在太阳诞生前就已经灭亡了。在超新星大爆炸之前，这些大恒星强烈的核聚变作用就足以形成这些重元素了。

一颗垂死恒星的喘息

太阳的重元素容易朝太阳中心下沉，所以在太阳的光球层中，氦以及其他非氢元素的比重低一些。核聚变使得太阳核中 60% 的物质都变成了氦。由于太阳的核很坚硬，氦也一直停留在原地，而且氦增加的量是与氢燃料的量保持着一定比例的。

然而，在太阳生命周期的最后阶段，随着核中的氢渐渐耗尽，充满氦的太阳中心会燃起熊熊大火。太阳在最后几十万年中将出现数次膨胀和收缩，而这一过程也会随之重复出现——这火光就是一颗风烛残年的恒星发出的最后的喘息。

天空中最亮的星星会形成一些特殊的图案，被古代文明编入了各自的神话中

星座讲述了许多人类文明发展的历史。

星座

我们的夜空中布满了星星，这些星星组成了各种各样的图案。在仰望夜空的时候，星座能够帮助我们辨认这些星星。

孩子们的睡前故事并不总是与科学或者神话相关，但是星座却把这两个话题结合了起来，成为我们心中一个神秘而美好的事物。星座不仅能帮我们辨认天上的星星，也讲述了许多人类文明发展的历史。

很久很久以前，一代又一代人探寻星星背后的意义，为星星组成的图案取名，并为它们创作了故事。由于

文明社会的力量和影响越来越强，这些社会中的神话传说取代了之前的星座故事。随着希腊文明的崛起，星座被当成希腊神话系统中的神、英雄以及野兽；随后罗马帝国势力扩张，这些星座又被冠以拉丁名，当上了罗马神话传说中的主角。

人类社会的进步以及我们对宇宙科学的了解进一步深化后，这些星座

被赋予了新的意义。农民靠星座来确定一年中的时节，根据某个星座在何时出现来掌握播种和丰收的时机。

人类社会迎来宇宙探索的时代，星座不仅能告诉我们许多神话知识，还能帮助我们更好地了解周围的世界，因为科学家能够利用星座来找到宇宙中人类还未涉足的地方。在这方面，人类取得的一项举足轻重的成就是约

翰·拜耳（Johann Bayer）在 1603 年绘制的星图——测天图（Uranometria），这使我们更深入地了解星座以及位于其中的各个恒星。当然，绘制了星图的不仅仅是西方文明，中国人、阿拉伯人以及澳大利亚土著人都对星座进行过绘图和命名，他们使用的某些名字一直沿用至今。

> 星座不仅能告诉我们许多神话知识，还能帮助我们更好地了解周围的世界。

今天的星座

国际天文联合会（IAU）成立于 1919 年，到 1992 年之前，IAU 把天球[1]（一个想象的无限大的旋转球体）划分成 88 个星座，天文学家至今仍使用这种划分法。理论上来说，"星座"指的是宇宙中的一片区域，而恒星组成的图案被称为"星群"，不过很多星座是直接以星群的名字命名的，所以以"星群"和"星座"通常是同时使用的两个概念。另外需要说明的是，组成星群或星座的恒星不一定离彼此很近，实际上，除去某些例外情况，这些恒星通常都相隔甚远，只是我们在地球上看起来觉得它们很近罢了。

星座能帮助我们了解更多有关宇宙，以及地球在宇宙历史中的地位的知识。也许我们有时会忘记这些星座代表的故事，但我们在漫长的未来岁月中会不断地温故知新。

马修·汉森（Matthew Hanson）

① 天球：在天文学领域中，天球是一个想象中无限大的球体，宇宙的一切都包括在天球中，而地球是天球的球心。

大熊座：主要由已知星群北斗星（the Big Dipper），抑或北斗七星（the Plough）构成

狮子座：黄道十二宫中的一员，其西边是巨蟹座，东边是处女座

半人马座：作为天空中最大的一个星座，半人马座中肉眼可见的星星有 281 颗

七大星座

你是否曾经仰望过夜空，好奇那些所谓的星座在哪里？这篇文章讲述的是夜空中七大重要的星系，以及观测这些星系的最佳时间，看完之后，不妨去考考你的家人和朋友！

猎户座（Orion）

据说，猎户座是大犬星座的主人。世界各地都可以观测到猎户座，许多国家都有猎户座的神话。古埃及人把猎户座看成是地狱判官奥西里斯（Osiris）的化身，据说吉萨（Giza）三座最大的金字塔与猎户座的腰带三星——中间的三颗星一一对应。猎户座中最亮的星是参宿七（Rigel）和参宿四（Betelgeuse）。观测猎户座的最佳时间在冬季的前半夜。

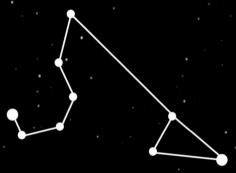

狮子座（Leo）

狮子座是黄道十二宫之一，其名（Leo）是希腊语中"狮子"的意思。狮子座是古希腊天文学家托勒密（Ptolemy）在2世纪观察到的48个星座之一，但是早在托勒密发现它的几千年前，就已经存在有关狮子座的文字记载了。古巴比伦、叙利亚、犹太及印度人的天文学文献中都出现过狮子座，而且不约而同地用自己语言中"狮子"的单词为这个星座起名。观测狮子座的最佳时间是春季的前半夜。

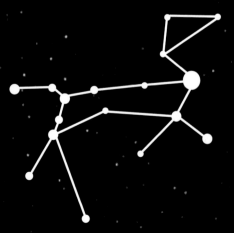

大犬座（Canis Major）

Canis Major，意为"大狗"。它是最容易观测到的星座之一，因为它有一颗夜空中最明亮的星——天狼星（Sirius）。天狼星也叫天狗星，是距地球最近的行星中的一颗，距离仅为8.6光年。大犬座在星座故事中是猎户座的一条忠诚的猎犬。观察大犬座的最佳时间是冬季的半夜。

大熊座（Ursa Major）

大熊座是人类记载中最古老的星座之一，许多文明都把它叫作"大熊"，从这个现象我们可以窥见古代人类迁移和民间传说传播的历史。据传，英格兰传说中的亚瑟王（King Arthur）的名字来自于"arth"（熊）和"uther"（明亮的）两个词的结合，而这两个词都和大熊座的名字有关。在古罗马，入伍测试新兵时，经常把能否看到大熊座中两颗最亮的星开阳星（Mizar），以及开阳星的辅星开阳增一星（Alcor）作为测视力的标准。大熊座中七颗最亮的星组成了北斗星（the Big Dipper），也叫作北斗七星（the Plough）。北斗七星在全年都可以看到，不过最明亮的时候是在春天的前半夜。

天鹅座（Cygnus）

大部分文明都把它叫作"天鹅"，也有些民族说它是一只母鸡。天鹅座包含了北十字星，北十字星中最明亮的叫"天鹅座 α"（Alpha Cygni），也叫天津四（Deneb）星。在夏天和秋天的前半夜可以观测到天鹅座。

金牛座（Taurus）

金牛座是十二宫中最古老的一个，在各个文明的神话中，它的形象都是一头大牛。它是北半球夜空中比较明显的一个星座，位于白羊座和双子座之间。在冬季的前半夜，金牛座是最明亮的。

天蝎座（Scorpius）

传说中，猎户座向众神吹嘘，说自己能杀光地球上所有的野生生物，他后来遇上了一只巨大的蝎子。在激烈的战斗后，天蝎座和猎户座被分隔在了天空的两端，所以当猎户座升起时，天蝎座便落下。观测天蝎座的最佳时间是夏天的前半夜。

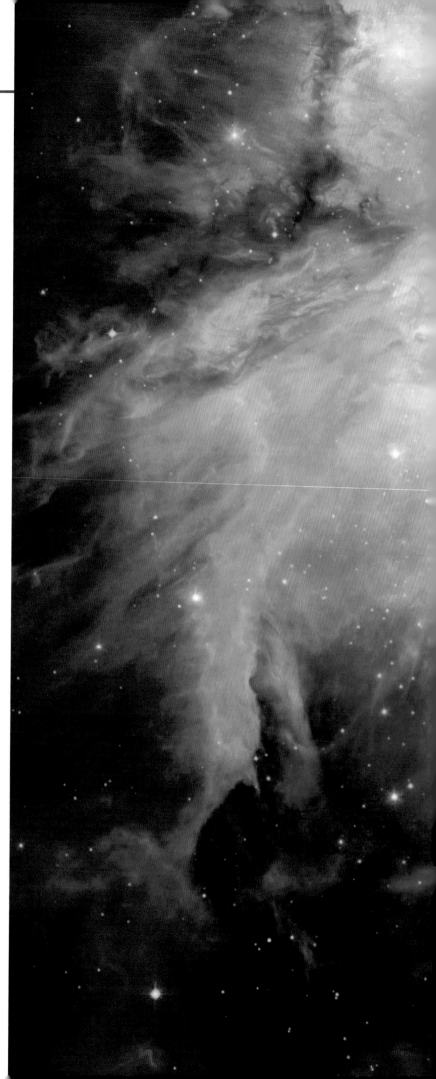

宇宙中的云

星云的存在证明宇宙并非真空。

"Nebula"是云的拉丁语单词，它所描述的物体和星云恰好一样——宇宙中一团巨大的尘埃、等离子以及氢氦等气体。外太空并不是完全真空，它包含了气体和尘埃，这些物质被统称为星际介质（interstellar medium, ISM）。星际介质聚集在一起，就形成了星云。如果星际介质在星云自身引力作用下聚集成群，那么恒星就有可能从星云中诞生，但星云也有可能是某颗红矮星在失去外层物质、行将灭亡的时候自己创造出来的。

伊恩·奥斯本

蟹状星云（The Crab Nebula）

哈勃太空望远镜拍摄的星云中，有一些已经被命名了。蟹状星云是超新星爆炸的残留物，也是金牛座中的一团脉冲风星云。与蟹状星云有关的那一次超新星现象在1054年被天文学家记录下来，而蟹状星云本身是英国天文学家约翰·贝维斯（John Bevis）在1731年发现的。

蟹状星云的范围达到了10光年，其中心位置是一颗脉冲星：一颗高度磁化、自行旋转的中子星，能够向外界发射出一束束的电磁辐射。蟹状星云脉冲星每秒自转30周。蟹状星云的视星等为8.4，与土星最大卫星土卫九的视星等相近，蟹状星云并不是肉眼可见的，但可以用经过专门调试的双筒望远镜观测到。

猎户座星云

　　猎户座星云距地球约 1500 光年。它的范围大概有 24 光年宽，质量约为太阳的 2000 倍。猎户座星云是离地球最近的恒星诞生地，在地球上可用裸眼观测到。在这团星云中已经发现了大约 700 颗处在不同形成时期的恒星，此外，星云中还有 150 多颗原恒星。

查尔斯·梅西耶（Charles Messier）

　　18 世纪的天文学家查尔斯·梅西耶对 110 个星云和星群进行了分类，这些天体被称为"梅西耶天体"（Messier objects）。梅西耶在 1769 年记录下了猎户座星云，从那时起，猎户座星云一直叫梅西耶 42 或者 M42 星云。这团星云于 1610 年首次被法国天文学家尼古拉斯－克洛德·法布里·德·佩雷斯克（Nicolas-Claude Fabri de Peiresc）用望远镜观测到，于 1880 年首次被亨利·德拉佩（Henry Drape）拍摄到。

辨别夜空中的恒星

地面上的科学家利用什么工具，才能对夜空中数十亿颗的点点繁星进行分类和辨认？

不是所有的恒星都是一样的。恒星之中，有大的，有小的，有年轻的，有年长的，有红色的，也有白色的，还有很多大小、年龄适中的。可是这些恒星离我们这么远，我们如何才能分清它们的差别呢？

最早，人们尝试用亮度去区分它们。公元前 134 年，古希腊天文学家希帕克斯（Hipparchus）根据他在罗德岛（Rhodes）观测台的观测，为行星建立了一个"星等"划分系统。在这个分类系统中，最明亮的恒星星等为 1 级，最暗淡的恒星星等为 6 级，当时一共只记载了 1000 多颗恒星。

星等的划分法一直沿用至今。1856 年，诺曼·罗伯特·普森爵士以一颗星等为 0 的恒星织女星（Vega）为基准，把其他恒星的亮度和织女星比较并确定它们的星等的数值，通过这样做，他使得星等划分法更加规范化。现在，肉眼可见的恒星有 7000 多颗，不过，由于望远镜的不断改进，我们能够观测到许多星等为 7，甚至更加暗淡的行星。

视星等和绝对星等

视星等数值相同的两颗恒星可能实际上并不一样——可能有一颗虽然暗淡，但是离我们近，而另一颗相对明亮，可是离我们很远。那我们怎么才能确定某颗行星到底是真的暗淡，还是因为距离太远呢？恒星天文学家是这样做的：他们记录下地球公转期间不同时间中恒星的位置。

通过测量恒星与遥远的背景天体的相对运动，你就可以用简单的几何学知识计算出恒星和地球之间的距离了。这种方法叫作视差法（parallax method）。一旦我们确定了恒星的距离，观测到它的视星等（apparent magnitude），就能够计算出它的绝对星等（absolute magnitude），这样就能得出恒星的真实亮度了。

一旦我们确定了恒星的距离，观测到它的视星等，就能够计算出它的绝对星等。

然而，恒星的亮度并不是我们在地球上测量出的唯一结果。恒星光芒的颜色是由它的温度决定的，而通过恒星的温度，我们能推算出它的年龄和体积。红恒星的表面温度只有几千度，而那些表面温度达到 10000 摄氏度或以上的恒星发出的光芒是白色的，比这温度还要高的恒星，会呈现出蓝色。

恒星的寿命和体积相关，体积大的恒星可存活数千亿年。随着恒星在生命周期中不断生长变化，它们的体积、温度和颜色都会改变。我们的太阳，年龄刚满 45 亿岁，是一颗表面温度近 6000 度、散发黄色光芒的恒星。它的亮度超过银河系 85% 的恒星，这些恒星中大多数是红矮星。

亚伦·博德利

公元前 134 年，古希腊天文学家希帕克斯根据他在罗德岛观测台的观测，为恒星建立了一个"星等"划分系统。

由于太阳系位于银河系的边缘，我们可以看到银河系的全貌

银河系中央的超重黑洞人马座 A*（Sagittarius A*）周围环绕着一圈星云状物质

七种最常见的恒星类型

——银河系中最常见的七种天体

银河系中，超过 4000 亿颗恒星都形成于坍缩的气体和尘埃云，但它们现在的样子取决于它们的年龄、体积和温度。以下介绍的是一些最常见的星体。

主序星（main sequence star）

主序星的大小不一，小主序星的半径可能只有太阳的五分之一，大主序星的半径是太阳的 10 多倍。这些恒星由于内部的反应过程相似，所以都被归入主序星的队伍中。有时候它们也被称为矮星（尽管这种叫法让人疑惑）。主序星通过核内的氢核聚变产生能量。

中子星（neutron star）

中子星是超新星的残留物，是一个密度极大的中子构成的核。虽然直径只有 10 千米，但它比太阳还要重——这就好比一块指甲盖那么大的物质重量达到 10 亿吨！中子星自转速度也相当快，每秒最多可转好几百周。

超新星（supernova）

当一颗比太阳大得多的恒星核开始坍缩，急剧上升的温度会引爆恒星。几天之内，它的亮度可以上升几十亿倍，同时不断向外界太空释放自身物质。

黑洞（black hole）

当一颗恒星的质量大到引力迫使它坍缩，它便不再是中子星，而成为了黑洞。黑洞会产生巨大的引力场，没有这个引力场吸不走的物体，甚至连光都无法幸免。

白矮星（white dwarf）

白矮星是红巨星膨胀、外层剥落之后留下的密度极高的核。虽然核内不再进行氢核聚变，由碳和氧构成的核会受到引力坍缩所产生热量的影响，发出白热光，白矮星也因此而得名。最终白矮星会冷却，成为黑矮星。

红巨星（red giant）

当主序星中大部分氢开始聚变，它的核开始收缩，发出更多光和热。这使得它的外层膨胀，可以一直膨胀到半径达太阳的 100 倍，然后它向外释放能量，同时表面温度渐渐变低，直到恒星开始发出红色光芒。

棕矮星（brown dwarf）

如果某颗恒星的质量不到太阳的十分之一，它的引力场无法达到引发核聚变的水平。棕矮星被称为"失败的恒星"，并且随着它把自己不多的热能释放出去后，它就会渐渐冷却。

观星新仪器

智利境内一座山上架起了一台全新的望远镜，通过这台望远镜，我们能看到宇宙最深处的恒星和行星。

我们有很多种观察宇宙的方式。比如通过可见光、让我们感受到热的红外线、把我们晒黑的紫外线，都可以用于观测宇宙。这些光波都是电磁波谱中的一部分，它们的辐射波长各不相同。但在智利的阿塔卡马沙漠（Atacama Desert）建造的"阿塔卡玛大型毫米/次毫米波阵列"（Atacama Large Millimeter/submillimeter Array，ALMA），是一台可在毫米波段，也就是介于红外线和电磁波之间的波段，观测天空的望远镜。这是 ALMA 望远镜的特色：它能用前所未有的方式探测宇宙。

冷射线

毫米辐射一般来自肉眼不可见的冷天体。ALMA 已经公布了大量存在于银河系的巨型分子云的化学成分。它筛选出了宇宙最早时期恒星爆炸产生的尘埃和气体，并且捕捉到了正在形成中的恒星和行星。

毫米波长是可见光波长的好几千倍。望远镜的分辨率取决于它的直径可容纳的波长范围，所以在观测同一画面时，比起光学望远镜，ALMA 的视野相当于凑近了好几百千米。为实现这个功能，ALMA 使用了多个天线，这些天线的信号巧妙地结合在一起，共同模拟出单个巨型盘状天线能够看到的画面。ALMA 总共有 54 个直径 12 米、12 个直径 7 米的盘状天线，这些盘状天线拼起来的区域直径可达 16 千米。

建造 ALMA 望远镜总共花费 9.5 亿欧元，因此它成为了目前运行中的地面望远镜中最昂贵的一台。它的所在地阿塔卡马沙漠是地球最干旱的地区之一，而且位置在海拔 5000 米的地方。这使得其高出了 40% 的地球大气层，避免了这些大气层对视野产生扭曲变形作用。它的海拔也高于水蒸气高度的 95%，避免了水蒸气吸收辐射，因为辐射对它来说是最重要的。

虽然在 2013 年望远镜的建造已经完工，但天文学家还在对零件进行调整，以确保 ALMA 能够在观测和制图上完全发挥它的潜能。

阿拉斯泰尔·冈恩博士

5 **6**

6 分析

最后，天文学家对相关器的输出结果进行处理，生成天体的图像用于研究，同时得出天体的有关信息，如体积、位置、运动轨迹、温度和成分等。

5 相关器

在望远镜中心基地的建筑内，放置着三台超级计算机，叫作"相关器"（crorrelator）。据说它的处理能力相当于 150000 台个人电脑。相关器把所有天线手机的信号结合起来，相当于一个直径 16 千米的虚拟望远镜。

4 光学纤维

每一个天线接收到的信号通过光学纤维都会被传输到望远镜中心基地。为了精准排列每一个天线收到的信号，会使用激光时时测量这些最长可达 15 千米的光纤的长度。

> **ALMA 的所在地阿塔卡马沙漠是地球最干旱的地区之一，而且位置在海拔 5000 米处，高出了地球 40% 的大气层。**

LMA 如何探索太空

合众多天线的图像，观察宇宙的视野变得更加清晰

天线

　　ALMA 收集宇宙中的辐射，并将辐射集中到它碗形表面以下的接收器处。由于要处理毫米波段，ALMA 的天线表面十分光滑，上面的颗粒还不到一张纸厚。

2 接收器

　　辐射通过一系列镜子和导波管被输送到接收器处，这些接收器使用的技术十分先进，操作频率范围为 30~900 千兆赫（Ghz）；温度能够冷却到接近绝对零度来避免某些多余的"噪声"。

3 后端

　　每一个天线的后端可以对接收到的极微弱信号进行放大，将其转换成频率较低的信号，方便分析。随后将这些信号数码化，转换成电脑软件可以分析的格式。

ALMA 的重要观测目标

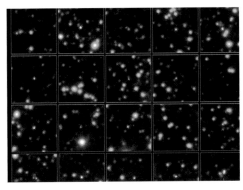

最早的星系

　　宇宙大爆炸几亿年后形成了最早的恒星和星系，它们发出的大部分的光，波长延伸到了厘米和次厘米波长范围内。ALMA 将探测这些远古天体中尘埃发出的光亮，帮助科学家了解这些天体形成的过程。

恒星的形成

　　和可见光不同的是，ALMA 的波长没有受到尘埃和气体的干扰，所以能够深入稠密、布满尘埃的区域，也就是恒星和行星诞生的摇篮。天文学家已经捕捉到一些正在形成中的行星，它们由堆积的宇宙碎片发展起来，正在组建新的星系。

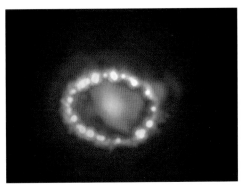

宇宙尘埃

　　太空中已经观测到了复杂的有机化合物（包括氨基酸和糖类）。ALMA 的任务是进一步观察这些复杂的化合物，并且得出银河系中分子和尘埃颗粒的分布图。

星系：天体大联盟

星系的力量不仅是用引力把恒星聚拢起来，还能够在气体云中创造恒星，在碰撞中摧毁恒星。

星系是宇宙中美丽而神奇的天体，集结了数十亿颗恒星，还伴随着不计其数的尘埃、气体、暗物质。这些物质都受制于星系的引力，结合成一个群体。星系（galaxy）来源于希腊语"galaxias"，意为"乳白色的、混浊的"，这个名字最初指的是人类自身所在的星系，银河系。

银河系主要有两种类型：螺旋星系（spiral）和椭圆星系（elliptical），这两个大分类下还细分很多具体的形状和大小。螺旋星系通常有两个或以上从中心延伸出来的"旋臂"，这让螺旋星系看起来就像是旋臂四周组成了圆盘，围绕着中间凸起的部分，而且旋臂处的新恒星密度更大。我们所在的银河系就是螺旋星系。而椭圆星系的形状就像螺旋星系中央凸起的部位，但是没有圆盘状物质环绕在四周。椭圆星系里主要是老年恒星。

除了上述两种形状，还有不规则星系。正如它们的名字所说的那样，这些星系没有固定的形状，由年轻的恒星组成。但也有透镜状星系，这些星系的星系盘更小，中间凸起的核球结构中大部分是老年恒星。

不同星系的体积各不相同，有只拥有约 1000 万颗恒星的矮星系，也有由几百万亿颗恒星组成的巨大星系。大部分人都相信这些星系是在宇宙大爆炸（the Big Bang）后的几亿年间形成的。

马修·汉森

银河系

我们所在的星系，银河系，直径在 100000 到 120000 光年之间。太阳系距银河系的星系核 27000 光年左右，位于猎户 – 天鹅座旋臂（Orion–Cygnus arm）上。

星系的真相

关于这些巨大恒星群不可不知的真相。

关于星系的有趣知识太多了，就算用整本书的篇幅也只能涉及一点皮毛。以下是关于这些令人望而生畏的恒星聚集地的六大特点。

特大质量黑洞（超重黑洞）

科学家认为，许多星系的中心都存在着一个特大质量黑洞，这使得星系核变得非常活跃。由于物质不断被吸入黑洞，引力能不断产生，于是形成了大量以 X 射线形式释放出去的辐射。

不同星系的体积各不相同，有只拥有约 1000 万颗恒星的矮星系，也有由几百万亿颗恒星组成的巨大星系。

碰撞轨迹

听到这个消息前你得先鼓起勇气：我们所在的银河系最终将与隔壁的仙女座星系（Andromeda galaxy）碰撞。科学家已经开始用哈勃望远镜跟踪仙女座星系的运行轨迹，得出的结论是两个星系之间的碰撞似乎无法避免。好消息则是，这个碰撞在最近 40 亿年内都不会发生。并且，虽然星系之间会发生碰撞，但恒星和行星间的碰撞却很少出现，因为它们之间隔得实在太远了。

仙女座星系

仙女座星系是离我们最近的一个星系，位于距地球 250 万光年的地方。据估计，仙女座星系内有 10000 亿颗恒星，我们所在的银河系则只有 4000 亿颗恒星。仙女座是邻近星系组成的本星系群（Local Group）中最大的一个星系。

引力作用

宇宙中已经出现过星系在相邻星系的引力作用下被移动，甚至被融入相邻星系的前例了。融合之后，两个星系的形状会发生改变。星系中还有"食人"族，也就是星系吞并现象：体积较小的星系与另一个大星系发生碰撞，大星系岿然不动，而小星系则被撞得四分五裂。

巨型气体云

星系内的恒星可以从巨型气体云中产生。有时这些星系能够快速产生大量恒星，这些星系被称为星暴星系（starburst galaxy）。

最古老的星系
探索宇宙万物在开端时期留下的遗迹

2013 年，哈勃望远镜发现了一些已知最古老的昏暗星系。这是在哈勃执行"哈勃超深空"（Hubble Ultra Deep Field Campaign）任务时发现的。所谓哈勃超深空，是科学家进行的一次新的探索尝试，其目的是进一步了解大爆炸后星系如何形成，以及在何时首次形成等问题。

美国加利福尼亚州帕萨迪纳市（Pasadena）的加州理工学院（California Institute of Technology）的天体物理学家理查德·埃利斯（Richard Ellis）所带领的团队，用哈勃望远镜对太空中的一片小区域进行了 100 个小时的研究。他们发现了七个远古星系的模糊图像，其中最古老的一个在宇宙诞生 3.8 亿年后就形成了。虽然 3.8 亿年对我们来说非常漫长，但是对于宇宙的年龄来说真的不算长。

这些最近发现的远古星系为科学家提供了有关宇宙历史大量珍贵的信息。比起我们更熟悉的年轻星系来说，这些老星系的密度是新星系的数千倍，彼此之间离得更近，亮度更小。

那么，我们有没有可能在未来发现更加古老的星系呢？目前来说，可能性不大，因为理查德教授的团队表示他们已经让哈勃望远镜的作用发挥到了极限。然而，我们通过哈勃的继任者詹姆斯韦伯太空望远镜，也许还能发现更古老的星系。

这张哈勃超深空计划的图像显示了宇宙 1700 多亿个星系中的一小部分

光的踪迹

我们所在的银河系包含了数十亿颗恒星和行星——我们可以用肉眼观察它们。

当我们的祖先抬头望向夜空，他们会看到一道带子似的光，有时他们把这叫作河，有时又称它为一条小径。直到 17 世纪发明了望远镜，人们才发现这一闪烁的带状物中藏着许多颗恒星，与我们的太阳十分相似。

由于地球就处在银河系内（大概位于从中心到边缘的中间位置），在地球上看银河系就像天空中划过的一条线。实际上，我们看到的只是它的侧面，和许多其他星系一样，银河系其实是一个螺旋星系。

马修·汉森

银河系的老大哥

星系有不同的形状和大小，但是天文学家认为 NGC 6744 星系几乎是银河系的翻版，只是体积几乎是银河系的两倍——NGC 6744 星系直径近乎 200000 光年，而银河系直径为 100000 光年。

NGC 6744 星系和银河系很像，它们都是螺旋星系，都具有"蓬松的"絮状旋臂和细长的核心。银河系有一个跟随它运动的卫星星系麦哲伦星云（Magellanic Clouds），而 NGC 6744 也有一个扭曲的卫星星系。NGC 6744 位于孔雀座（Pavo），距地球约 3000 万光年。在南半球，每年的 8 月和 9 月是观测孔雀座的最佳时期。

太阳系绕着银河系中心旋转一周大概需要 2~2.5 亿年的时间。太阳系绕着银河系转时，我们的运动速度大约是 250 千米 / 秒。银河系自己也与一群邻近星系共同旋转着。这群星系被称为"本星系群"。银河系在这个星系群内的运动速度大约是 300 千米 / 秒。

我们的邻居

本星系群中 54 个星系受引力作用被聚集在了一起。其中最大的两个星系是我们所在的银河系以及仙女座星系。这两个星系都有各自的卫星星系，包括人马座矮星系（Sagittarius Dwarf galaxy）、大犬座矮星系（Canis Major Dwarf galaxy）以及天龙座矮星系（Draco Dwarf galaxy）。本星系群中第三大星系是三角座星系（Triangulum galaxy）。

你问我答 如何处理太空垃圾？

在 50 多年的太空探索过程中，人类在地球轨道上留下了大量的太空垃圾。我们怎样才能追踪到这些碎片？能把它们安全地带回地球吗？

1957 年 10 月 4 日，苏联发射了史普尼克 1 号（Sputnik 1）——这是首个绕地球运行的人造卫星。就在史普尼克 1 号发射的那一天，将史普尼克号送上太空的火箭成为了第一块太空垃圾。

太空垃圾也叫轨道碎片，指轨道中所有不再投入使用的人造天体。太空垃圾中有像公共汽车一样大的，比如宇宙飞船，也有螺母和螺栓，甚至是引擎排出的尘埃。自 1957 年以来，地球周围的太空垃圾数量一直在增加，这引起了美国空间监事网（US Space Surveillance Network）的注意，他们对 21000 多块直径在 5 厘米或以上的太空垃圾的运动展开追踪。

虽然太空垃圾对地球人类的威胁很小，但会在很大程度上影响轨道上的飞行器。太空垃圾的时速可以达到 28163 千米，在这个速度下，即使是与几英寸宽的碎片相撞，宇宙飞船也会遭到致命的损毁。

为了防止人造卫星和宇宙飞船被太空垃圾毁坏，2007 年，NASA 与美国战略司令部（United States Strategic Command）签署了协议，内容是要通过地面雷达对太空中上千块太空垃圾的运动轨迹进行每日监测，同时用激光雷达照射目标碎片，分析反射回的光，来测量碎片的距离。如果碎片和飞行器相撞的可能达到了万分之一或更高，这一信息会传送到 NASA，NASA 就能够调整飞行器的路线。在过去三年中，国际空间站的路线就被调整了三次。

如果我们再也不向太空发射任何飞行器，太空垃圾的数量会一直维持稳定，直到 2055 年左右再上升。这一说法是 NASA 科学家唐·凯斯勒（Don Kessler）在 1978 年提出的，叫作凯斯勒效应：太空垃圾数量增加将使得碰撞的可能性增加，因而太空中会因碰撞产生更多垃圾，并且引发多米诺效应。"我们的太空垃圾数量已经达到临界点了，"凯斯勒回应道，"为了保持地球轨道的长期稳定，我们必须移除一些垃圾。"

代价高昂

如果我们不行动起来，太空探索就无法继续进行。"两个大型太空垃圾相撞会产生许多小碎片，进而又增大飞行器和垃圾撞击的概率，"凯斯勒提到，"这又要求在飞行器上装备更多保护罩，直到我们再也无法承受高昂成本的那一天。"

虽然现在已经有人提出要清理太空垃圾，但要执行起来需要花费大量金钱。在我们开发出更经济实惠的技术之前，各国一直在出台各项国际规定，以防止未来发射其他飞行器后地球轨道环境变得更加糟糕。在这些条例中，"保证太空垃圾在 25 年内移除"的规定已经失效。

想了解太空垃圾返回地球时会发生什么？请看下一页。

艾利克斯·戴尔（Alex Dale）

常见的轨道碎片种类

NASA 估计，在地球轨道上有 500000 多块大理石大小甚至更大的太空垃圾，还有几百万片无法追踪的小型碎片。根据欧洲宇航局的计算结果，几乎每天都有小型太空垃圾进入地球大气层，也有一些会一直在轨道上待好几百年。

撞击留下的碎片

人造卫星有时会相撞，比如 2009 年已经损坏的美国铱 33 号通信卫星（Iridium 33）和俄罗斯报废的宇宙 -2251 号卫星相撞，产生了大量碎片。据英国南安普顿大学（University of Southampton）太空碎片领域专家休·刘易斯（Hugh Lewis）计算，两卫星相撞时的时速达到了 42116 千米左右。

废弃的人造卫星

地球轨道中大约存在 50 个废弃的人造卫星。由于它们的运行轨道位置较高，所以可能要花几百年时间才能落回地球大气层。先锋 1 号（Vanguard 1）是目前在轨道运行时间最久的卫星。这艘卫星在 1958 年发射，1964 年停止工作，但它会在轨道上停留 200 多年。

掉落的设备

某些太空垃圾是宇航员在太空行走时无意掉落的。2008 年，宇航员海德玛丽·斯特凡尼欣 – 派珀（Heidemarie Stefanyshyn-Piper）掉落了一个工具箱，内有润滑油枪和一把油灰刮铲。美国宇航员艾德·怀特（Ed White）1965 年在太空行走时掉落了一个手套，这个手套在轨道上漂了一个月。2006 年，皮尔斯·塞拉斯（Piers Sellars）在一个隔热装置维修材料的测试期间掉落了一把抹刀。

微流星体

某些太空碎片是天然形成的，并且可能在太阳系刚形成时就存在了。微流星体是微小的岩石粒子，通常重量不超过一克，大部分都能成功进入地球大气层。这些尖锐的岩石很常见，能够对太空行走的宇航员构成威胁，因为它们会毁坏下船扶手，撕裂太空服的手套。

用数字说话

大型人造卫星

虽然在几百万块太空碎片中，大部分都比大理石小，但大型人造卫星足有公共汽车那么大，例如地球重力和海洋环流探测卫星（Gravity Field and Steady-State Ocean Circulation Explorer, GOCE）。

重量

GOCE 卫星的发射质量是 1067 千克，欧洲宇航局估计它返回地球时剩余部分的质量是 125 千克，现在可能正躺在大西洋底部。

美国空间监视网跟踪的太空碎片数量：

年份	数量
1966	2000 块
1976	2000 块
1988	8000 块
2000	10000 块
2010	15000 块
2013	21000 块

来源：NASA 轨道碎片项目办公室
（NASA Orbital Debris Program Office）

亿万分之一是你可能被太空垃圾砸中的概率。

来源：美国轨道及再入残骸研究中心
（Center for Orbital and Re-entry Debris）

3000 块太空碎片产生于 2007 年中国的一次反卫星导弹试验，即销毁一个老旧的气象卫星。

来源：NASA

太空垃圾进入地球大气层后的命运

离开轨道后，形状和大小各异的人造太空垃圾不断从太空降落到地球，那么为何这些垃圾对人的生命安全构成的威胁十分有限呢？

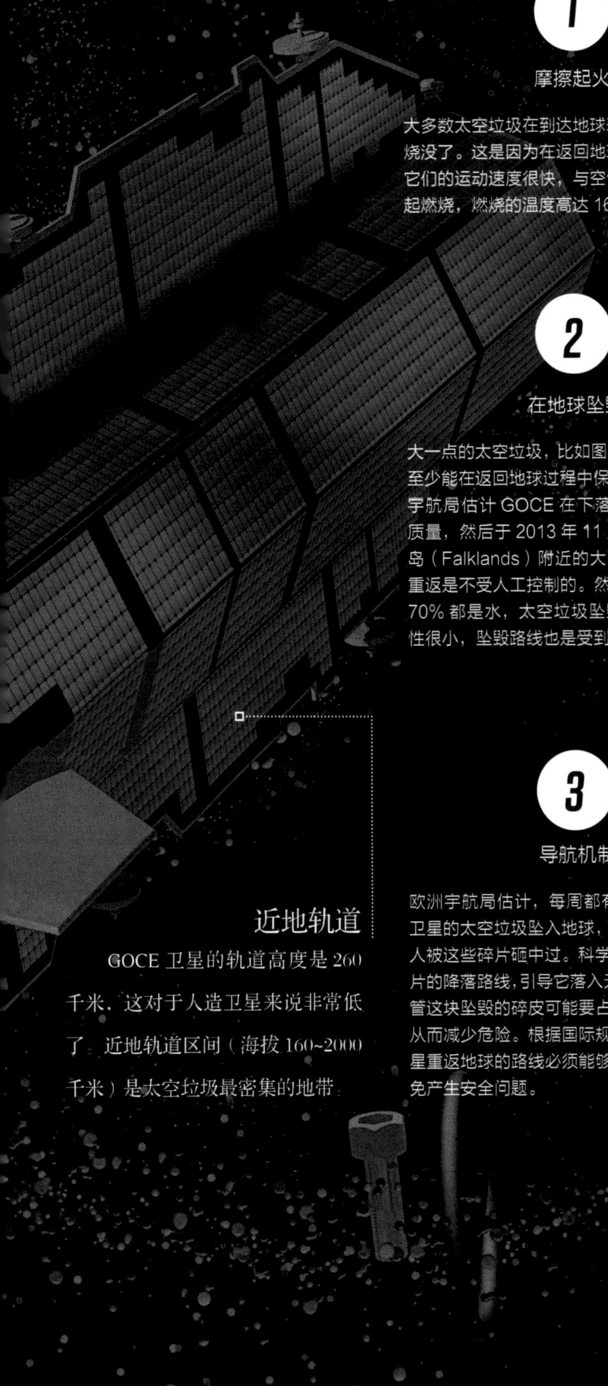

1

摩擦起火

大多数太空垃圾在到达地球表面之前就已经被烧没了。这是因为在返回地球大气层的途中，它们的运动速度很快，与空气粒子发生摩擦引起燃烧，燃烧的温度高达 1650 摄氏度。

2

在地球坠毁

大一点的太空垃圾，比如图中的 GOCE 卫星，至少能在返回地球过程中保持部分完整。欧洲宇航局估计 GOCE 在下落中保存了 25% 的质量，然后于 2013 年 11 月坠毁在福克兰群岛（Falklands）附近的大西洋海域中。这种重返是不受人工控制的。然而，因为地球表面 70% 都是水，太空垃圾坠毁时伤到人的可能性很小，坠毁路线也是受到雷达监控的。

3

导航机制

欧洲宇航局估计，每周都有体积类似 GOCE 卫星的太空垃圾坠入地球，但迄今为止还没有人被这些碎片砸中过。科学家能够通过改变碎片的降落路线，引导它落入无人居住的地方（尽管这块坠毁的碎皮可能要占很大一块地方），从而减少危险。根据国际规定，所有的新型卫星重返地球的路线必须能够由人工导航，以避免产生安全问题。

近地轨道

GOCE 卫星的轨道高度是 260 千米，这对于人造卫星来说非常低了。近地轨道区间（海拔 160~2000 千米）是太空垃圾最密集的地带。

36000 千米/时是太空垃圾在撞击其他天体时的平均速度。

来源：NASA

135 吨是和平号空间站的质量，和平号空间站是重返地球大气层的最大的一块太空垃圾。

来源：欧洲宇航局

百分之六的轨道天体是运行中的宇宙飞船。

来源：欧洲宇航局

太空垃圾一般都在太空待多长时间？

轨道高度小于或等于海拔 600 千米：数年；

600~1000 千米：数十年；

大于 1000 千米：一个世纪或者更久。

来源：NASA

132

126

150

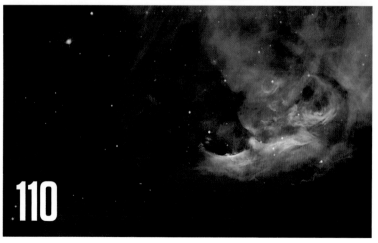

110

135

138

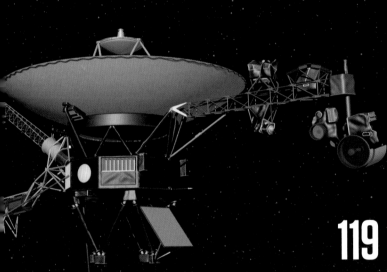

119

115

4 太阳系

110　太阳系的诞生

116　太阳

118　关于太阳的十大误解

124　水星：离太阳最近的行星

126　金星：地球的邪恶双子星

129　地球：生命的摇篮

132　不断变化的地球

134　月球：坑坑洼洼的表面

136　火星的两面

139　开启火星之旅

145　小行星带

148　木星：太阳系中的国王

150　土星：光环围绕的世界

152　向卫星进发

158　天王星：倾斜的行星

162　海王星：下钻石雨的行星

164　柯伊伯带

166　奥尔特云

169　寻找被遗漏的神秘行星

180　你问我答

太阳系的诞生

我们现在正生活在一颗每小时要环绕一个炎热的气态球体飞行107000 千米的巨大岩石上，同时我们周围还有 3000 亿个气态球体。这一切是怎么发生的？

我们的太阳系巨大无比。旅行者号（The Voyager）探测项目的结果显示，太阳的影响延伸到了大约 100个宇宙单位以外，这个距离相当于地球和太阳间距离的 100 倍。太阳系中的所有天体，从气态巨型星球到绕着行星转的卫星，到大量的冰块和岩石，再到太阳本身，一定是从某个地方或是某个物体中诞生的。

问题是，我们并不知道宇宙或者太阳系这宇宙的一角，是如何形成的。

在它形成的时候，我们根本不存在，人类的历史对于宇宙来说微不足道，甚至都没有出现在地质年代表中。这些年来，科学家们在这方面提出了很多理论，但其中最被看好的理论——星云假说，则是由 18 世纪提出的最早版本的理论修改而成的。

星云假说认为太阳系诞生于 46亿年前。它最初是一团巨型分子云（Giant Molecular Cloud, GMC）。它的主要组成部分是氢，外加少量的

太阳系诞生于 46 亿年前。它最初是一团巨型分子云（Giant Molecular Cloud, GMC）。它的主要组成部分是氢，外加少量的尘埃、氦和锂。

其他学说

星云猜想并不是对太阳系诞生过程的唯一解释。

由于我们谈的是理论而不是事实，所以在过去这些年里自然也出现了一些其他的学说，不过都不像星云假说那么出名。

潮汐理论认为一个巨大的物体，或许是另一个恒星，与太阳擦肩而过，因此吸引了太阳的一些物质，这些物质进一步形成了太阳系的行星。自从这个理论提出后，又有无数其他的版本出现过，例如捕捉理论认为两颗恒星在经过彼此时会喷射出丝缕状的物质。苏联天文学家奥拓·施密特（Otto Schmidt）提出了星际云理论，即已经成型的太阳在一团星际云间穿行后，周身覆盖了雾状的尘埃，成为了后来形成行星的原料。

也许在这许多学说中最有趣的一个要数马文·赫恩登（Marvin Herndon）的理论了，他认为所有的行星诞生时都是巨型气态行星，靠近太阳的岩态行星的形成是因为气态行星自身压缩，以及其他距太阳更近、温度更高的气态行星灭亡。

地球是否有可能最初是气态行星，然后受到压缩形成岩态行星呢？

1. 一团分子云与附近超新星的重元素交织在一起

尘埃、氦和锂，质量是现在太阳的100000倍，直径大约为65光年（如果你是《星球大战》中汉·索罗的粉丝，那直径就是20秒差距[①]）。宇宙中的巨型分子云可不像我们知道的云那么乖巧：它异常寒冷、有许多磁场、不受其他任何天体的影响，它的引力很容易变得不稳定，或许是因为当时它的附近发生了超新星爆炸。2013年10月，研究陨石的科学家称太阳系中大部分复杂化学物质可能都来自于太阳附近一颗爆炸的恒星，所以这个猜想是非常合理的。

诞生时期的引力

随着分子云中的分子彼此靠得越来越近，它们之间的引力变得越来越强，吸引了其他的分子，而这又进一步增大了引力。时间一长，在很少受到能量波影响的情况下，这一团巨型分子云分散成了较小的星云，每团星云又被体积较大的星云群吸引。其中一团直径约为1秒差距的星云，体内包含了用来创造太阳系的物质。

引力的神奇之处在于体积大、引

---

① 秒差距：一种测量天体间距离的单位。

2.加上一些搅拌运动和引力作用，就是星云了

力强的物体能够吸引许多体积小的物体围着它转。这团身为太阳系前身的星云不断压缩，它周围的星云获得了更多转动能，而它被压平变成了一个吸积盘[1]。其中心的物质被挤压到一起，成为了原恒星，而其余的星云太过坚固，没有被吸入中心，而是继续围绕中心旋转。大约5000万年以后，这颗原恒星的密度和温度都变得极其之高，因此开启了核聚变的过程，然后太阳就形成了。

但太阳在形成过程中并没有耗尽所有的物质。太阳本身也会向中心的气状圆盘释放出熔融物质、电磁辐射以及热量，太阳就在这块盘状物上继续旋转和碰撞。随着尘埃和冰分子互相碰撞，它们结合形成了自身带有热量和引力的小型天体。这些原恒星最初的体积大约相当于月球，可能在100000年前形成，但是它们最早在10亿年前就开始彼此碰撞，然后相互融合的过程了。

太阳之外更远的太空，在冰冻线，也就是水和甲烷能够凝结成冰的地带以外，早期的巨型气态行星形成得更快。一旦这些主要由冰组成的原恒星达到合适的体积，开始积极地吸引外界的星云气体时，它们在10000年之内就可以基本成型。

所以，如果要对星云猜想做一个简单的解释，那就是物质压缩、旋转以及聚合。这是我们目前最合理的理论，并且我们对远距离吸积盘的研究

① 吸积盘：一种由弥散物质组成的、围绕中心体转动的结构（常见于绕恒星运动的盘状结构）。比较典型的中心体有年轻的恒星、原恒星、白矮星、中子星以及黑洞。在中心天体引力的作用下，其周围的气体会落向中心天体。

3.随居星云收缩，中心的物质形成原恒星

结果也支持这一假说，但它还是存在些许漏洞。

尚待回答的问题

小行星体，也就是原恒星的前身，到底是如何从直径1厘米的聚合物质发展到直径1千米的？这个问题还没有得到解释，因为许多恒星从诞生到灭亡的过程中，它们周围的尘埃并没有形成任何行星。我们也不能确定为什么所有的巨型气态星球都能存活，它们需要以飞快的速度形成，这样才能困住那些拼命想要挣脱星云吸盘吸引的气体。我们还无法解释物质是如何避免被吸入吸积盘中心的。

巨型气态行星天王星和海王星也许根本不该待在它们今天所在的位置，因为它们包含的物质远多于原恒星吸盘能够提供的量。我们猜想，它们也许从离太阳更近的地方移动到了今天的位置，或许是被木星和土星的轨道共振给"扔"到这里来的。这也只是猜测而已。

显然，关于太阳系的诞生，我们还有许多的研究和理论尚未完成。对于它的形成，我们有许多好的想法，不过我们现在有的，也仅仅是"想法"而已。

艾利克斯·考克斯（Alex Cox）

了解，
还是自以为了解？

对太阳系的起源，我们不得不做出许多猜想。

水星

与太阳的平均距离：
0.39天文单位。

平均表面温度：
−183摄氏度至427摄氏度。

距离太阳最近的小型岩态行星——水星距太阳0.3个天文单位。水星离地球太近，使得我们很难对它做任何细致的分析。但是从水星的密度看，它应该有一个巨大、富含铁的内核。

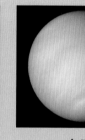

金星

与太阳的平均距离：
0.72天文单位。

平均表面温度：
464摄氏度。

金星在体积上和地球最相近，和地球距离最近。金星的大气层非常稠密，这是由失控温室效应引起的。这也使得研究金星一直都很困难。然而它与地球类似，这说明它冷却的速度和内部结构都与地球类似。

地球

与太阳的平均距离：
1天文单位。

平均表面温度：
14摄氏度。

虽然我们居住在这里，但是关于地球的内部结构，猜想的成分更大。如果把它的重量和体积相比较（这两个数据可以从地球引力中得出），我们可以了解到地球内部物质的密度一定要比表面更大，因此我们才知道地球的内核由铁组成。

4. 随着恒星开始燃烧，它发射出许多物质，这些物质互相碰撞、聚合，形成行星

火星

与太阳的平均距离：
1.52 天文单位。

平均表面温度：
–63 摄氏度。

火星直径只有地球的一半，从这一点看你可能会以为地球的这个长满岩石的兄弟重量也只有地球的一半。如果这样想你就错了：火星的密度只有地球的15%，表层更厚，我们认为它的内核是硫酸铁。幸运的是火星距地球很近，可以向它发射探测器，这样我们就能得到更多关于它的知识了。

木星

与太阳的平均距离：
5.2 天文单位。

平均表面温度：
–130 摄氏度。

我们并不清楚像木星这样一个巨型气态行星的内部是什么，但是可以大胆猜测：木星最有可能由氢气组成，内部产生的巨大压力可能会形成液态金属氢。由于它的磁场很强，它在运行时可能会产生强烈的发电机效应。

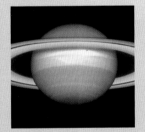

土星

与太阳的平均距离：
9.54 天文单位。

平均表面温度：
–130 摄氏度。

通过研究卡西尼探测器的数据，科学界猜测土星的冰环是由太阳系最初形成后的剩余物质构成的，这些物质受到土星的引力作用而聚集起来。在未来，或许可以从土星身上了解到太阳系究竟是如何形成的。

天王星

与太阳的平均距离：
19.18 天文单位。

平均表面温度：
–200 摄氏度。

我们距离冰冻线越远，所发现的气态行星就越有趣。天王星散发的热量非常微弱，极少有风暴活动，甚至显得有些死气沉沉。但我们认为它有岩态内核，地幔则由碳氢化合物构成，还充满了水，这不禁让人想到天王星上一探究竟。

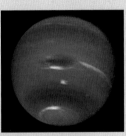

海王星

与太阳的平均距离：
30.06 天文单位。

平均表面温度：
–200 摄氏度。

海王星距离我们极其遥远，因此也很难观测到这颗行星。虽然我们在1846年就知道海王星的存在，但我们仍然在努力探测它的卫星。搜寻地外文明计划（SETI）的研究者2013年才通过分析哈勃望远镜的图像宣布发现了海王星的第14颗卫星。

太阳

　　这颗维系着我们生命的恒星正处于太阳系的中心地带。

　　太阳的直径大约是地球的 109 倍，质量约为地球的 330000 倍，是太阳系最大的天体。

　　每过一秒钟，在太阳核中就有 400 万吨的物质被转化成能量，能量中既包含中微子——质量较小的亚原子粒子，也有以光的形式存在的太阳辐射。

　　太阳是颗正值中年的恒星。54 亿年以后，它会变成一颗红巨星，那时它的体积会急剧膨胀，最终可能会吞噬太阳系内部的行星，很有可能地球也包括在内。

　　蒂姆·哈德威克（Tim Hardwick）

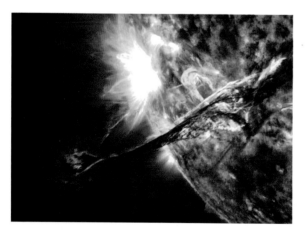

太阳耀斑

　　太阳耀斑是太阳表面突发的喷射活动。太阳耀斑最初是由两位专门观察太阳的天文学家理查德·克里斯多福·卡林顿（Richard Christopher Carrington）和理查德·霍奇森（Richard Hodgson）在 1859 年发现的。耀斑产生的原因是太阳的等离子和带电分子在太阳黑子周围的活跃地区产生了相互作用，并且耀斑可以释放出大量能量——最大可等同于 1.6 亿吨 TNT 炸药爆炸的能量。虽然人类尚未完全了解耀斑的活动机制，但耀斑出现之后往往会产生日冕物质抛射现象（coronal mass ejection, CMEs）：即太阳风和磁场喷射大量物质到星际空间中的现象。如果这些物质到达地球，就可能形成地磁暴，对通信网络造成干扰。

太阳核

太阳核半径占太阳整个球体半径的四分之一，是一个巨大的核反应堆，它的核聚变每秒钟消耗 6.2 亿公吨的氢。

关于太阳的十大误解

太阳对于维持地球生命是至关重要的，然而我们对太阳的误解太多了。

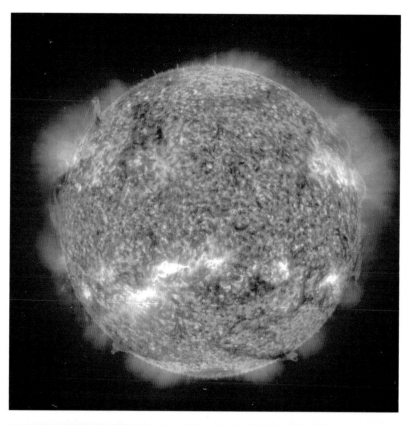

10 太阳不过是颗普通的恒星

我们的太阳正处中年，这听起来没什么大不了的。它不太大，也不太小，既不像有它几百倍那么大的红巨星，也不像小得多的红矮星。太阳的大小似乎刚好合适。可是，大小并不是恒星分类的唯一标准，恒星发出的光也是一种标准，因为亮度比较容易测量。太阳属于 G 类恒星，表面温度为 6000 开尔文左右。到这里我们才发觉太阳并不普通。事实上，我们在夜空中看到的95%的恒星都没有太阳这么炽热。就表面温度和亮度而言，太阳的排名在前5% 以内。

9 如果把太阳用一个黑洞替代，众行星会被黑洞吞噬

太阳是太阳系最大的天体，太阳系的其他天体受到太阳巨大的引力作用的影响，都围绕着太阳运行。人们常猜想，如果把太阳换成另一个天体，例如，一个黑洞，那么这些行星要么被吞噬，要么会被驱逐。而只有在这个天体的质量不同于太阳的质量并因此造成引力大小的不同时，上述现象才可能发生。关键在于天体的质量，而不是天体的种类。

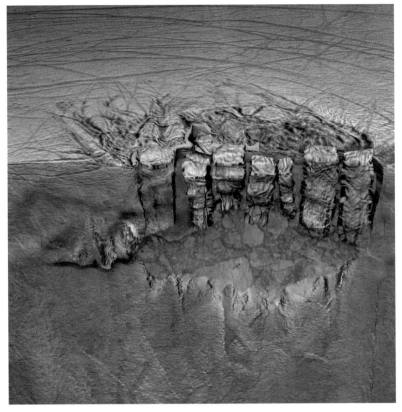

8 行星必须位于宜居带才能孕育出生命

人类对太阳系的探索已经说明，在寻找地外生命时要拓宽视野。通常，我们认为恒星周围的宜居带是找寻地外生命的最佳地点，因为这一地带的行星上温度适中，可以维持表面液态水这一生命的必需品。例如地球正处于太阳的宜居带内，而火星则在宜居带外。然而，在一些离"金发姑娘"地带十分遥远的地方，我们发现了液态水，这让人始料未及。比如离太阳很远的木卫二，它的冰冻表面下很可能藏着一个液态的海洋。金星，一个靠近地球的炎热行星，可能在其大气层中含有微小水滴。随着我们不断地寻找液态水，我们会发现越来越多宜居带以外的天体上也有水。

7 太阳的表面是固体的

要观测太阳，必须得透过滤镜看才能保证安全，因为这样才能阻挡它大部分刺眼的亮光。用这种办法观测太阳时，你可以看到太阳清晰的边缘。即使你用高倍望远镜放大看，它依然轮廓分明。这可能使你产生你正在看的是一个固体的表面的错觉，但事实远非如此。实际上，你所看到的是一层气体的最上端，密度仅相当于我们所呼吸的空气的 1% 左右。但这一层气体很重要，这说明里层不透光的气体在这里变得透明了，太阳内部产生的光亮就可以透出来。这一层是太阳的显见面，因此被称作光球层。光球层厚度仅为 500 千米，比起整个太阳的直径，也就是 140 万千米来说，这一层稀薄的气体看起来就像太阳外面一层极薄的壳。

"旅行者 1 号"（voyager 1）探测器发射于 1977 年，但直到 2013 年它才离开太阳系。

· 119 ·

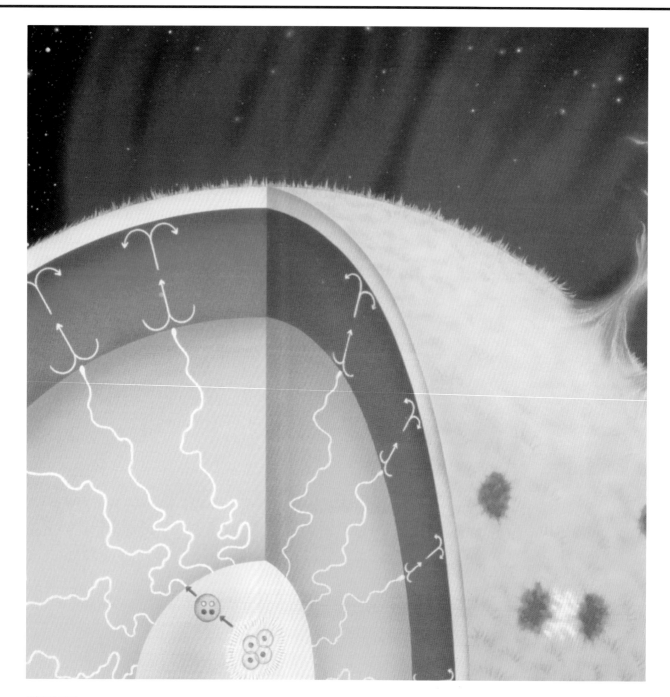

6 太阳与地球之间是真空地带

在我们把宇宙飞船送上太空之前，我们认为太阳和地球之间的空间里什么都没有，是一个绝对真空。所以当第一架在地球之外冒险的宇宙飞船发现一连串分子持续从太阳中逸出时，我们大吃一惊。这串分子密度不大，每立方厘米大约有 10 个分子。然而，如果你把手指放在这一串流动的分子中，那么每秒钟会有 5 亿个分子经过你的手指，这是因为它们流动的速度实在太快了。

我们可以把这个现象叫作太阳风，它能吹到很远的地方。2013 年，旅行者 1 号探测器成为第一个经过太阳风吹出的"大气泡"外面，距太阳 180 亿千米的人造天体。

5 太阳活动极小期（Maunder Minimum）造成英国泰晤士河（the Thames）结冰

小冰期（Little Ice Age）是一段全球气温下降的时期，持续时间大约在 14 世纪到 19 世纪之间。在这段时期，伦敦的泰晤士河会发生全部结冰的现象，虽然只是偶尔出现。在小冰期后半段中，也就是 17 世纪后期，有 70 年左右的时间里，太阳表面曾经布满的太阳黑子销声匿迹了。这一段时间叫作太阳活动极小期，人们认为这段时期引发了地球的小冰期。虽然在太阳活动极小期内，欧洲北部确实经历了几个严冬，但太阳活动和欧洲北部气温之间的关系很复杂。目前，这一现象已经成为一些尖端研究的课题。

我们现在了解的是，泰晤士河冻结是因为当时的泰晤士河和现在不太一样。当时泰晤士河的河面更宽，流速更慢，而且老伦敦大桥在许多狭窄地段修建了拱形结构，拦住了一些浮冰，形成了一面冰做的"大坝"，于是河流变得更容易冻结。

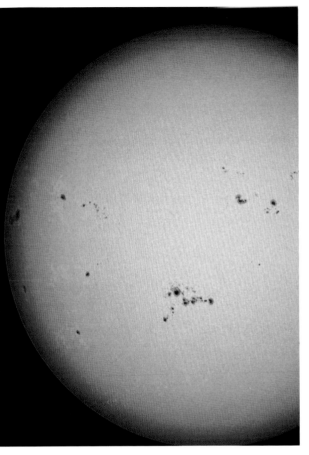

太阳的表面肉眼看来可能光滑无瑕，但实际上它由很多曲面结构覆盖着

4 太阳是一个圆盘

如果你直接望向天上的太阳，它就像一个黄色的圆盘，谈不上有什么地表特征。但如果用特制的滤镜观测太阳，我们可以看到它的表面有很多黑色斑点。不同的时间，斑点的数量有多有少。如果从人造卫星上的 X 射线或紫外线望远镜看太阳，可以看到用肉眼看不到的几百万度高温的大气层，而且可以看到它表面布满了弯弯曲曲的结构，看上去很漂亮。太阳的巨大磁场创造了这些奇妙的画面，给了我们一个生机勃勃、千变万化的太阳。

3 到达地球的太阳风引发了极光现象

太阳风上载有部分太阳磁场，它吹向太阳系所有的天体，包括地球。可是太阳风永远无法接近地球的大气层，因为我们受到地球自身磁场的保护。太阳风只有在扭曲磁场的情况下才能产生极光。如果这种情况发生，说明产生了撞击，电流开始流动，如果电流穿过了大气层的最顶层，极光就出现了。

2 如果太阳中的核聚变停止，我们8分20秒之后才能知道

太阳光的速度是每秒300000千米，也就是说，太阳光从离开太阳表面到到达地球要花8分20秒的时间。但是太阳光是太阳中心的热核聚变产生的，并且太阳光在产生之后的几十万年才能到达太阳表面，因为它要穿过密度极大的太阳内部大气层。所以如果核聚变现在就停止，在接下来的几十万年中太阳还能继续发光。

1 日地距离形成地球四季

　　太阳是太阳系光和热的来源，所以离太阳越近，得到的光和热就越多。这对于地球上的我们来说意味着什么？我们的公转轨道并不是一个完美的圆形，只是接近圆形。这就说明地球与太阳的距离并不是时时刻刻都相同的，最近为1.47亿千米，最远可达1.53亿千米，两个距离间存在4%的差值，但这不是造成四季明显的温度变化的唯一原因。

　　关键的原因是地球自转的方式。地球自转轴与黄道平面呈23.5度的夹角，这说明在地球绕太阳运行的轨道上，有一半路程是地球的北极指向太阳，另一半路程是地球的南极指向太阳。指向太阳的地球离太阳更近，能获得更多阳光，日照时间更长。每年7月，地球距离太阳最远，但由于北半球倾向太阳，北半球的人就处在夏季，而南半球的人则生活在冬季。

水星 ......

这张由信使号飞船拍摄于 2008 年 1 月 14 日的照片是一张假色影像（即使用与平时的全彩照片的色彩不同的颜色来表示物体的影像）。飞船在不同波长的情况下捕捉了多个图像，再把这些图像结合起来生成一张照片。研究人员认为卡洛里斯盆地周围这一圈橘色的物体是火山口，并且这颗星球上平坦的平原是火山的熔岩流造就的。

水星：
离太阳最近的
行星

水星，这个太阳系最小的行星里充满了极端现象。

水星非常厉害。它是太阳系中最小的行星（至少在冥王星被降级为矮行星以后，它成为了最小的行星），直径只有不到地球的五分之二。水星比月球大不了多少。虽然是距离太阳最近的一颗行星，水星上却并不总是酷热难耐的。因为水星没有可以锁住热量的大气层，水星暗面的温度可以降到零下 180 摄氏度，而面对太阳的一面温度直逼 430 摄氏度。

伊恩·奥斯本

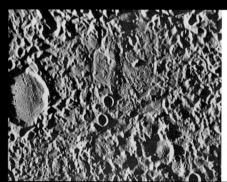

古怪地形（the weird terrain）

在水星卡洛里斯盆地（Caloris Basin）的对跖点，也就是卡洛里斯盆地在水星另一面相对的点，存在着一片叫作"古怪地形"的区域，就像新西兰和西班牙在地球上的位置正好相对一样。从它的名字我们就可以得知这个区域的地形如何了。这个地区的主要地貌是罕见的丘陵和裂缝。大部分科学家认为形成卡洛里斯盆地的那一股力量同时也在水星表面的各个方向发送了强烈的冲击波，这些冲击波在卡洛里斯盆地的对跖点会合，在那里形成了今天我们所观察到的独特地貌，但也有人认为这些地貌特点仅仅是由火山活动造成的。

卡洛里斯盆地

卡洛里斯盆地是水星表面一个巨大的撞击火山口。这个盆地于 1974 年被水手号探测器发现，它的直径为 1550 千米，是太阳系中最大的撞击坑之一。它大约在 38 亿年前在水星被一个直径超过 100 千米的物体撞击后形成。

轨道

水星年，也就是水星绕太阳一圈所花的时间，仅相当于地球上的 88 天。或许这就是为何水星的英文名要以罗马神话中以快速著称的信使之神墨丘利（Mercury）命名了。但说到速度，没有什么比水星上的一天更慢的了，也就是水星自转一周所花的时间。在水星上的一天相当于地球的 59 天。水星距太阳大概 5800 万千米，而地球距太阳却有 1.5 亿千米。

金星：
地球的邪恶双子星

金星是我们最近的邻居，也是体积和地球最相近的行星，但我们的太空探索更关注火星而不是金星是有理由的：金星这颗行星一点也不友好。

金星狡猾地用稠密、终年不散的云层把自己掩盖起来，使我们一直以来都看不到它的真实面目。当然，我们早已经知道金星的存在。金星是地球的天空中最明亮的一颗星，但是直到我们探索金星的太空计划真正开始，特别是 1989 年俄罗斯发射金星探测器以及麦哲伦雷达制图器（Magellan radar mapper）后，我们才发现一直以来自认为亲近的邻星的可怕真相——人类是绝对不愿意涉足金星的。

先说说金星的温度，绝对足以在几分钟内毁掉人类发射来的任何探测器：据我们测量，金星表面平均温度为 464 摄氏度，比水星受到太阳炙烤的一面温度还要高。是的，金星比地球更靠近太阳，但是这种极端的高温是因为它有稠密的大气层（由96.5% 的二氧化碳和少量氮构成），这样的大气层极有可能曾引发了失控温室效应。这使我们意识到，行星大气层中二氧化碳的力量有多么可怕。

其次是金星的压力。金星表面的压力不像马里亚纳海沟（Mariana Trench）那样高，但却是地球表面压力的近 100 倍。任何在金星表面着陆的宇航员都会被高温烫熟，任何在金星表面着陆的探测器都会被压得粉碎，这还是在他们没有降落在这个太阳系火山活动最剧烈的星球上布满的熔岩流中的情况下。总之，千万不要靠近金星……

艾利克斯·考克斯

金星不仅"恐怖"，也非常奇怪。把金星这些最突出的特点告诉你的朋友，他们绝对会大吃一惊。

金星的真相

金星的轨道在太阳系中是最规律的，和正圆形比只有1% 的偏差。它的密度比地球小，球体周长和地球差不多，质量却只有地球的 81.5%。然而，在太阳系四颗类地行星中，它的大气层是最稠密的。和水星一样，金星没有卫星。

逆行的行星

金星是太阳系中唯一一颗自转方向与其他天体相反的行星，而且它的自转速度还格外的慢，金星上的一天相当于地球上的 117 天。过慢的自转意味着金星产生不了像样的磁场，所以金星非常容易受到宇宙辐射的伤害。

两个金星？

人们自古就知道金星的存在，因为金星的运行轨道在地球运行轨道之内，所以时常可以在夕阳西下时看到金星挂在天边。但是在公元前382 年古希腊人认为金星有两个，一个是晨星（Phosohoros），一个是黄昏星（Hesperus）。

任何在金星表面着陆的宇航员都会被高温烫熟，任何在金星表面着陆的探测器都会被压得粉碎。

清晰的视野

金星的大气非常稠密。如果它的大气层不那么朦胧，表面环境不会让人几秒内致命，从理论上说，一个人站在金星上，通过增强的光折射作用，可以看清星球四周的景象。

最轻的雾

金星的酸云可能分布面积十分广，也十分稠密，但这些酸云实际上比起地球的云来说非常轻。如果你身处在其中一团酸云之中，注意到它的存在可能还得费点力气，不过，你的皮肤在几分钟之后就会开始被灼烧。

金星也有好的一面

这位科学家为何认为我们可以在这颗人类最不宜居的星球上居住？不过人人都爱挑战，不是吗？

杰弗里·兰迪斯（Geoffrey A Landis），科学家、撰稿人，在 NASA 的一篇论文中写道："金星的问题是其地平面对于大气层底部来说过低。就云层最上方的环境来说，金星是个天堂般的星球。"

他的理论关注的是金星的大气层，特别是表面 50 千米以上的地带，这片区域的温度在零摄氏度到 50 摄氏度之间，云层足够稀薄，因此可以收集太阳能。他设想，也许可以将可呼吸气体充入高空气球，建造一个用高空气球悬挂起来、有氧气供应的云间人类属地。

金星可能比火星更适合人类居住，因为金星的大小和质量赋予了它相当于地球 0.9 倍的引力，而火星引力只有地球引力的 0.38 倍。在这个环境中，我们可以避免许多由于低引力而引发的健康问题。然而比起用巨大的气球把人类悬挂在金星上空，也许还是先定期从地球或金星轨道发送探测器或机器人的做法更简单易行。

酸雨

如果你怀着找到浓稠二氧化碳的期望去探索金星的大气层，结果可能会让你有点诧异：这些稠密的云并非由二氧化碳，而是二氧化硫组成的，它们可以形成酸雨。但金星上的酸雨根本降落不到金星表面，因为高温在酸雨到达地面之前就把它蒸发成了气体。

地质历史

金星的地质历史引发了一些争论。麦哲伦雷达制图器的表面扫描器发现了一些火山口，科学家对这些火山口的形成原因持不同观点。有人认为某次巨大的撞击彻底改造了金星的表面，而其他人相信金星长期的火山活动足以造成这样的地形。

太空航行技术大大增进了我们对地球的了解。从地球轨道
上拍摄的地球照片帮助我们研究地球的天气和地形

大气层包含了足够让动物存活的氧气，还能够反射一定量的阳光、锁住足够的热量以保证适宜的地表温度。

地球：
生命的摇篮

据我们所知，我们自己的家园——地球，是最罕见、最复杂的行星之一。但它必须如此，否则无法维持我们的生命……

谈到地球，我们第一时间会想到，地球最神奇的地方就是它所孕育的生命了。从人类到昆虫、哺乳动物，以及生活在更遥远的地带的鱼类，我们的星球养育着各种各样的生命形式，而据说我们仅仅发现了 14% 的物种。但是地球创造了能够支撑所有生命存活的独特条件，它和生命本身一样令人惊叹。与细菌相比，人类和动物是很脆弱的生物，而发生在地球表面和内部的一些活动能够帮助我们维持生命。

地球的内核是一个由铁和镍构成的坚硬球体，内核外面包裹着一层液态铁和镍组成的外地核。我们认为内核的温度和太阳表面的温度相近（5400 摄氏度以上），但即使温度这么高，内核却没有熔化成液态，这是因为地球中心的压力是我们海平面大气层压强的 3000000 多倍，造成内核的熔点上升，因此内核才能高温不化。

地球的内核是一个由铁和镍构成的坚硬球体，外面包裹着一层液态外地核。

地表以下几千米的地球内核的组成成分，对于地表生命的重要程度比你想象的要高。形成地球磁场的，正是外地核高度导电的液态铁中的电流。磁场能保护我们免受高能量

正在发生的神奇现象比你想象的更多。

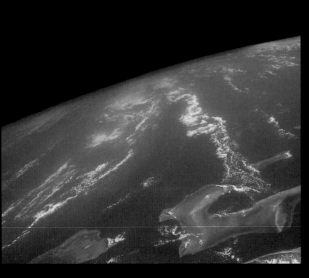

水做的卫星

  如果把地球上所有的水聚集成一个巨大的球体，这个球体的直径可以达到 1384 千米，这几乎和土星的第三大卫星土卫八一样大了。即使是这样，水最多占地球总体积的 0.023%。

盐平面

  谈到水，地球的海洋中每一升盐水大概含有 35 克盐。如果把这些盐水中的盐全部提取出来后平铺在地面上，可以形成一个 150 多米厚的盐层，相当于一幢 40 层的办公楼那么高。

完整的地球

  地球反射到月球上的光比月球反射到地球上的光多得多。从月球用肉眼看空中的"整个地球"，亮度是从地球观测月球的亮度的 42 倍。你可以在新月出现时观察到地球反照现象，即地球的光能够照亮月亮的大部分轮廓。

镀金的地核

  虽然地球内核主要是铁和镍组成的，但也含有许多其他金属。包括金、铂等贵金属。实际上，如果你能把这些贵金属提取出来，然后包裹住地球的表面，这层"金属外衣"能达到半米厚。

蓝点

从远处看，地球明亮的区域取决于云层覆盖的水平。在这张卡西尼探测器拍摄的照片中，地球看起来就像一个明亮的蓝点，视星等[1]约为1.3。所以地球在天空中看上去属于非常明亮的天体，亮度和在地球上观察到的天鹅座亮星天津四（Deneb）的亮度差不多。

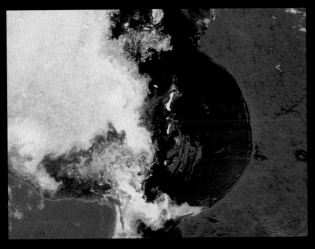

重力异常

加拿大的哈得孙湾（Hudson Bay）地区的重力比其他地区要小。这是因为在很久以前，冰河时代的冰川造成的地壳凹陷，以及地幔的对流气流逐渐降低了这一地区受到的引力作用。

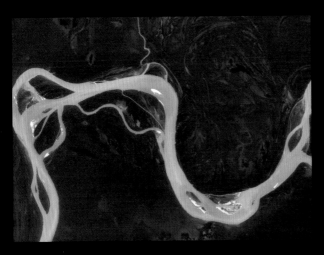

缓慢的河流

亚马孙河是地球上流量最大的河流，但是在2011年，科学家在亚马孙盆地地下4000米深处发现了一条流量仅次于亚马孙河的第二大"河流"——哈姆扎河（Rio Hamza）。哈姆扎河的流速仅为亚马孙河的3%，但长度达6000千米，几乎和亚马孙河一样长。

---

① 视星等：指观测者用肉眼看到的天体的亮度，亮度越高，视星等数值越低。

宇宙射线的伤害。如果地球上没有磁场，宇宙射线不仅会直接伤害到动物和植物的生命，同时也会移除臭氧层，相当于让地球生命直接暴露在太阳的紫外线辐射之下。

水，无处不在的水

尽管科学界对于水的来源还有许多争议，地球表面充足的水已成为地球在太阳系中的独特标记。水是维持地球生命存在必需的化合物，它对于维持地球温度也有重要的作用，因为水能够储存和运输地球被掩藏在海洋之下的三分之二的热量。

再看看我们的大气层，与水一样，它也是地球独一无二的特色。大气层包含了足够让动物存活的氧气，还能够反射一定量的阳光、锁住足够的热量以保证适宜的地表温度。此外，在众多行星中，地球形成大气层的方式也很独特。地球的岩石圈（地壳和上地幔）分为不同的地壳板块，它们随时间推移缓慢运动，造成地震和火山现象。地壳运动使得碳在大气中循环。大约在24亿年前，蓝藻细菌开始进行光合作用，向原本二氧化碳浓度很大的大气中释放氧气，从而创造出一个适宜动植物生长和进化的大气条件。

尽管地球和其他行星最明显的区别是地球上有生命，但真正把它们区分开来的是地球上孕育出生命的多种环境和条件。我们很容易就忽视了地球的这些特点，但你要知道，虽然太阳系中有很多神奇的天体，但像我们自己的星球这样神奇且复杂的其实没有几个。

马修·博尔顿（Matthew Bolton）

不断变化的地球

虽然我们对自己的家园已经很熟悉了，但地球的确是一个雄奇壮丽的星球。

我们的家园——地球，是太阳系四颗类地行星中最大的，密度也是最高的。地球表面大约有 71% 被水所覆盖，还有 33% 的土地是沙漠。地球围绕着地轴自转，地轴与地球公转轨道的平面夹角是 23°，正是由于地轴的倾斜，地球上才有了四季的温度和气候的变化。不像其他行星，地球的公转轨道接近正圆，这个条件一定程度上帮助地球成为了目前人类已知唯一存在生命的行星。

马修·博尔顿

观测地球上的建筑

据说中国的长城这一用人力完成的工程即使在太空也能观察到，真是这样吗？事实并非如此。虽然有些人造的物体能在近地轨道上观测到，但是长城太窄了，并且它的颜色和所在地区的背景颜色太相似了。在 NASA 网站的一次访谈中，尼尔·阿姆斯特朗（Neil Armstrong）说："我还没有见到有谁在地球轨道上观察到长城的……我问过许多人，特别是在日间多次经过中国上方的宇航员，但他们并没有见到长城。"中国宇航员杨利伟在 2003 年确切地表示他没有在太空航行中辨认出长城，当时还引起了全国的舆论轰动。

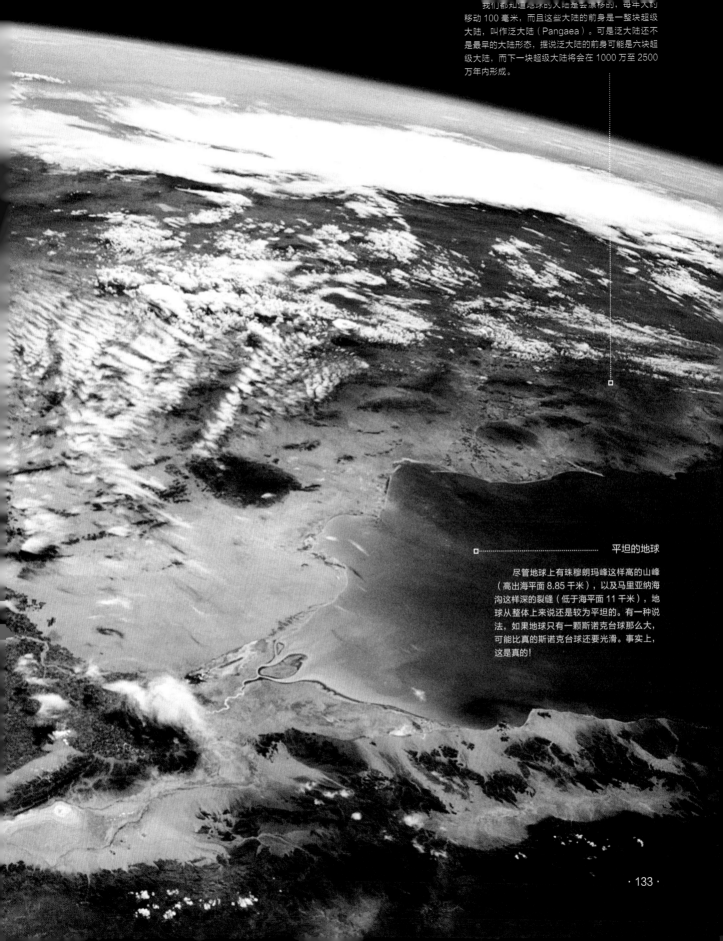

我们都知道地球的大陆是会漂移的，每年大约
移动 100 毫米，而且这些大陆的前身是一整块超级
大陆，叫作泛大陆（Pangaea）。可是泛大陆还不
是最早的大陆形态，据说泛大陆的前身可能是六块超
级大陆，而下一块超级大陆将会在 1000 万至 2500
万年内形成。

平坦的地球

尽管地球上有珠穆朗玛峰这样高的山峰
（高出海平面 8.85 千米），以及马里亚纳海
沟这样深的裂缝（低于海平面 11 千米），地
球从整体上来说还是较为平坦的。有一种说
法，如果地球只有一颗斯诺克台球那么大，
可能比真的斯诺克台球还要光滑。事实上，
这是真的！

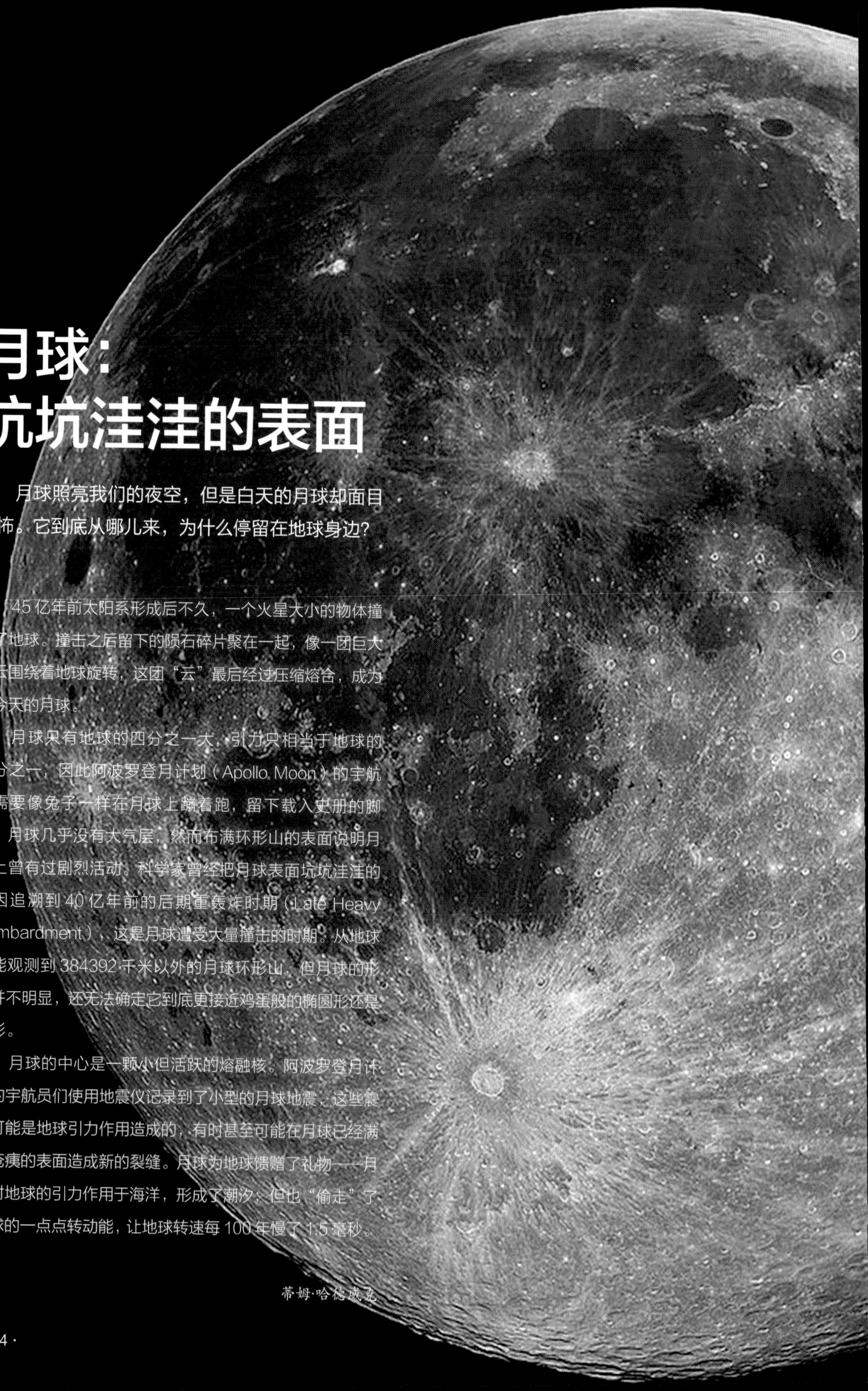

月球：
坑坑洼洼的表面

月球照亮我们的夜空，但是白天的月球却面目可怖。它到底从哪儿来，为什么停留在地球身边？

45亿年前太阳系形成后不久，一个火星大小的物体撞击了地球。撞击之后留下的陨石碎片聚在一起，像一团巨大的云围绕着地球旋转，这团"云"最后经过压缩熔合，成为了今天的月球。

月球只有地球的四分之一大，引力只相当于地球的五分之一，因此阿波罗登月计划（Apollo Moon）的宇航员需要像兔子一样在月球上蹦着跑，留下载入史册的脚印。月球几乎没有大气层，然而布满环形山的表面说明月球上曾有过剧烈活动。科学家曾经把月球表面坑坑洼洼的原因追溯到40亿年前的后期重轰炸时期（Late Heavy Bombardment），这是月球遭受大量撞击的时期。从地球上能观测到384392千米以外的月球环形山，但月球的形状并不明显，还无法确定它到底更接近鸡蛋般的椭圆形还是球形。

月球的中心是一颗小但活跃的熔融核。阿波罗登月计划的宇航员们使用地震仪记录到了小型的月球地震，这些震动可能是地球引力作用造成的，有时甚至可能在月球已经满目疮痍的表面造成新的裂缝。月球为地球馈赠了礼物——月球对地球的引力作用于海洋，形成了潮汐；但也"偷走"了地球的一点点转动能，让地球转速每100年慢了1.5毫秒。

蒂姆·哈德威克

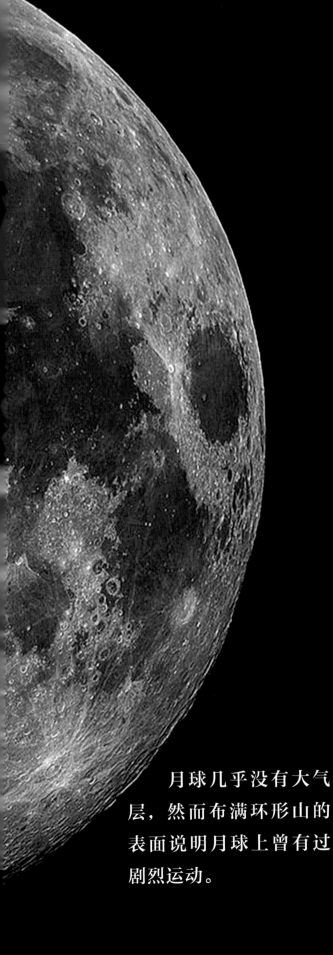

月球几乎没有大气层，然而布满环形山的表面说明月球上曾有过剧烈运动。

由于地球对月球的潮汐锁定所用，我们从来都只能看到月球的一面。但与大多数人的观点不同的是，月球距地球较远的一面其实受到了许多日光的照射

深入黑暗

照亮月球的遥远的一面

平克·弗洛伊德[1]的歌迷可能已经说服了你，让你相信月球根本没有"暗面"。除此之外，月球还有"远面"，这样取名的原因是因为地球上从来都看不到这一面，不过，这满目疮痍、遍布环形山的一面接收到的阳光和另一面一样多，它只是从来没有面向地球。

几百万年以前，月球自转的速度比今天快得多。然而，随着时间流逝，地球的潮汐力渐渐地影响到了月球的自转，强迫它慢下来，这种重力现象叫作"潮汐锁定"（tidal locking）。随着月球的自转开始与围绕地球运动的公转周期相协调，潮汐锁定的影响最终稳定下来，一直持续到今天。月球公转和自转一度是同时进行的，持续时间都是29.5天。

这也是为什么月亮一直都用同一面，也就是很久以前火山喷发形成的黑暗的玄武岩块，从上空默默低眸凝视着我们。

月球表面分布着数千座环形山，这让它的表面看起来坑坑洼洼——这些都证明我们的卫星曾经经历过一段猛烈撞击的时期

---

① 平克·弗洛伊德：英国摇滚乐队，曾发行专辑《月之暗面》（The Dark Side of the Moon）。

密度

火星比地球小很多，表面积只有地球的一半左右，密度也不如地球那么大，所以火星上的重力只有地球的三分之一。它的磁场也弱得多，大约是地球磁场的1/3000。这些特征使得火星的大气层特别稀薄，同时对登陆火星的人类的健康构成威胁与挑战。

火星的两面

火星是体积最小的地球邻星，它具有一些很不可思议的特点。

火星是太阳系中体积第二小的行星，因其红色的外表而为我们所知，其实这是因为火星表面有一层氧化铁尘埃，从地球也能够看到火星上这层红色，所以火星的昵称叫作"红色行星"。火星表面平均温度大约为零下 67 摄氏度，它的大气层十分稀薄，主要由二氧化碳组成。当火星运行到离地球最近的点，也就是距离地球 5600 万英里（1 英里约等于 1.7 千米）左右时，它会成为夜空中最明亮的一颗星。

马修·博尔顿

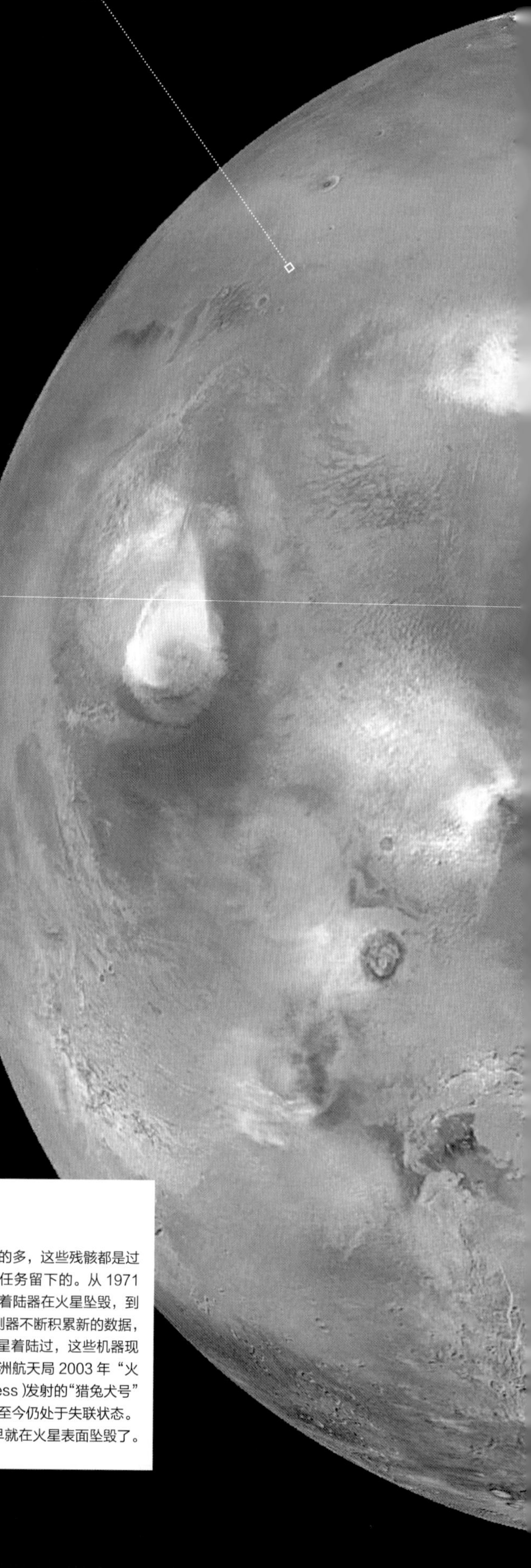

太空垃圾

火星上的人造太空垃圾出奇的多，这些残骸都是过去 40 年中人类的各种火星探测任务留下的。从 1971 年"苏联火星二号"（Mars 2）着陆器在火星坠毁，到今天 NASA 的"好奇号"火星探测器不断积累新的数据，总共有十几艘宇宙飞船已经在火星着陆过，这些机器现在还待在火星。这还没有包括欧洲航天局 2003 年"火星快车号"探测计划（Mars Express）发射的"猎兔犬号"（Beagle 2）着陆器，这艘着陆器至今仍处于失联状态。还有一些"死"的人造卫星，可能早就在火星表面坠毁了。

撞击

火星的两个半球有明显的分界线，此处能看到一部分。其中一个半球地形非常平坦，没有过多的高低起伏，而另一个半球则崎岖不平，有很多山脊、山脉以及峡谷。这可能是某次巨大撞击造成的，一颗冥王星大小的小行星撞击了火星的北半球。

水手峡谷

尽管体积较小，火星上却存在着太阳系最大的峡谷和最高的山。水手峡谷长400千米，宽200千米，深7千米，它实在太大了，所以很容易就能看到它的位置。奥林匹斯山（Olympus Mons）是一座高22千米的火山，在图片此处也能看到它，位于撒西斯火山群（Tharsis volcanic plateau）西部边缘，还可以发现火山上漂浮着水冰混合云。

DEST

CHED - MARS

TIME ELAPSED 248 DAYS
E TRAVELLED 35,800,024 MI

NCE FROM SURFACE 374MI
TING SPEED 16,921 MPH

开启火星之旅

2014 年，一架载人飞船进行了首次试飞，它把我们带到从未到过的远方。这是我们朝着"红色行星"迈出的一大步。

NASA 在 2014 年建造了新一代载人航天飞船，用以替代太空梭（the Space Shuttle）。这艘飞船叫作猎户座（Orion），其将深入太空探索人类从未到达的地方。并且，我们设想它最终会到达火星。

要实现火星之旅，我们面对的挑战不容小觑。火星之旅不同于地球上各个航天局之前做出的任何尝试，和它相比，20 世纪 60 和 70 年代的登月就像小儿科了。火星之旅可不是几个星期就能完成的，而是需要好几年，这又大大增加了火星之旅的难度。

如果路上出了什么问题，我们没有回到地球的近路。各种故障都需要在旅途中修理，包括宇航员的身体发生问题，比如受伤或生病等。如果宇航员在途中患上阑尾炎，相当于得了不治之症。同时，宇航员还要离开自己的家园好几年，要承受居住和生活在狭小空间内的心理压力。

不论如何，NASA 和各国宇航局都已经准备好迈出太空之旅的一大步了，其中最突出的就是 NASA 的"猎户座"太空舱和太空发射系统（Space Launch System, SLS），"太空发射系统"这个听上去很浩大的工程实际指的是目前正在研发的性能最强大的火箭。2014 年 12 月 5 日，"猎户座"首飞成功。"'猎户座'飞船发射系统代表着人类太空探索的未来，"NASA"猎户座"项目的发言人布兰迪·迪安（Brandi Dean）说道，"我们建造这个太空舱的目的是为把人类送上以前从未到达过的太空深处。"

"猎户座"是我们迈出的第一步。它是按照"阿波罗号"的太空舱仿造的，它与"阿波罗号"不同的是它的防热罩。"猎户座"离开地球轨道时，需要比进入轨道时的运行速度更快。所以返回地球时，"猎户座"从外进入地球

太空发射系统的推动力将比土星 5 号运载火箭
（Saturn V Moon rocket）发射时的推动力
高出 10%

轨道，进入地球大气层，其速度也会很快，因此飞船的防热罩要充分发挥作用。太空梭的耐热瓦片无法在这个过程中保护舱体，所以 NASA 一直在为"猎户座"研发新型、强力的隔热罩。

"猎户座"的防热罩宽 5 米，由钛合金骨架和碳纤维外皮构成 320000 个蜂窝状的单元格。每个格子中都人工填满了一种叫作 Avcoat 的特殊涂料。Avcoat 是 NASA 测试的所有材料中隔热力最强的一种。

按计划解体

"猎户座"再度进入地球大气层时，Avcoat 隔热罩会从舱体剥落，把舱体承受的热量带走，同时让飞船的速度降下来。为了保证不出现任何瑕疵，隔热罩上的每个蜂窝格都经过了X 射线的检查。隔热罩的钛合金骨架则会在飞船落入太平洋的那一刻前一直为飞船提供支撑。

如果一切顺利，"猎户座"将于2017 年第二次被发射。这次"猎户座"会到达月球然后返回，但不会派宇航员随行，飞船也不会着陆。对此，迪安解释说："新火箭第一次发射时，我们通常不派宇航员上太空。"

"猎户座"的这次月球之旅的意义也十分重大。因为这是太空发射系统第一次发射飞船。"SLS 将改变游戏格局，"NASA 下属负责研发 SLS的马歇尔航天飞行中心的金伯利·亨利（Kimberly Henry）说道，"这将是有史以来最强大的火箭，在搭载宇航员和航天设备、帮助其进入太阳系深处方面，SLS 的能力是最强的。"

"猎户座"再度进入地球大气层时，Avcoat 隔热罩会从船体剥落，把船体受到的热量带走。

猎户座太空舱有一个可调节的锥形组件，能够将太空舱接入紧急中断飞行系统

到 2021 年，宇航员就有机会体验"猎户座"和 SLS 强强联手打造的太空之旅了。届时"猎户座"依然将绕月球飞行，而绕月飞行之后的下一个目的地还没有确定，尚在讨论中。

安全——火星之旅的前提

"猎户座"太空舱本身是无法到达火星的。迪安说："'猎户座'的设计决定了它只能执行最多 21 天的任务。"如果能研发出月球登陆车，猎户座是有可能在月球登陆的。但要想走得更远，去探访小行星和火星，就需要有能让宇航员一次性住上好几个月的转换飞行器，而且火星之旅还需要一个小型空间站来存储足够的物资。

我们对此已经有了一些初步设想。以制造大型喷气式客机著名的波音公司已经在为火星之旅设计一些硬件，能够用上现在正在发展的技术。毕格罗宇航公司正在设计一种伸缩式太空舱，它能够在发射时保持收缩状态，进入轨道之后，吸收空气后膨胀，从而为宇航员提供充足空间。

2012 年 12 月，NASA 与毕格罗公司签署了生产"毕格罗充气式太空舱"（Bigelow Expandable Activity Module, BEAM）的合同，价值 1780 万美元。双方于 2016 年 5 月成功发射了测试舱。测试舱与国际空间站完成对接，空间站会对它的大气泄漏、耐辐射性以及温度波动情况进行监控。

对于前往火星的宇航员来说，辐射是主要威胁。就像过去水手要面对海上不期而至的致命风暴，今天的宇航员也要面对太空中危险的"天气"。

"SLS 将改变游戏格局，这将是有史以来最强大的火箭。"

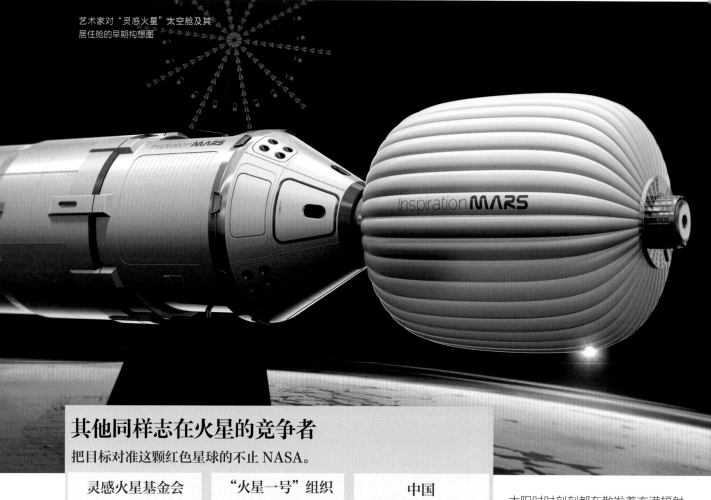

艺术家对"灵感火星"太空舱及其
居住舱的早期构想图

其他同样志在火星的竞争者

把目标对准这颗红色星球的不止 NASA。

灵感火星基金会

飞船：由 Space X 公司的"龙飞船"（Dragon Capsule）改造而来

发射时间：2018 年

目标：搭载一对夫妻途经火星，然后回到地球

持续时间：501 天

进展：基金会于 2014 年招募了一些宇航员。该航天计划由于时间安排得太过匆忙，招致了一些批评。2013 年 11 月，该公司发布了一份报告，在报告中公司表示需要使用 NASA 的 SLS。然而，SLS 直到 2018 年才可以投入使用。因此公司又推出了在 2021 年发射飞船的"B 计划"。

"火星一号"组织

飞船：火星转换飞行器

发射时间：2024 年

目标：在火星上建立人类的永久属地

持续时间：无限——宇航员不会返回地球

进展："火星一号"组织的举动长久以来都引发着人们的争议，因为这个组织提供的是一去不返的"火星移民"。已经有 202000 人申请移民到火星，"火星一号"选出了其中 1058 人，并将对他们进行进一步评估。"火星一号"有 6 个无人航空计划，其中第一个将于 2018 年开始，但目前并不清楚"火星一号"是否已经筹集了足够的资金。

中国

飞船：未知

发射时间：2040～2060 年

目标：载人航天飞船在火星着陆

持续时间：未知

进展：中国是唯一一个有此类航天计划但不属于火星探测工作组（Mars Exploration Working Group）的国家。火星探测工作组是促进各国在火星探测任务方面进行合作的组织。中国有自己的探空探测计划，并且在相对较短的时间内取得了惊人的成果。虽然中国还没有把宇航员送上火星的确切计划，但已经打算在 21 世纪中期开启火星探测任务。

太阳时时刻刻都在散发着充满辐射的"风"。

太阳系中还有除太阳以外的辐射源。2012 年"好奇号"火星车在火星着陆，它在分析火星的地面环境时，就检测到了这些"宇宙射线"。并且，对这些射线是否会伤害人的身体健康的分析结果并不乐观。

一个登上火星的宇航员在 2011 年 12 月到 2012 年 7 月这段时间内，身体受到的辐射量相当于一个普通美国人一年受到的辐射量。如果把医疗治疗中受到的辐射量排除，一个宇航员受到的辐射是一个地球上美国人一年内受到平均辐射量的 10 倍以上。如果

火星上的科学

深入了解这颗遥远的星球也许能帮助我们了解地球上的生命是如何起源的。

我们在火星上已经做了许多试验。但是所有在火星表面着陆的探测器只是研究了浅层表面的物质。最有效率的研究还得靠宇航员登陆火星来完成。

"我认为如果让宇航员登陆火星，我们能得到巨大的科学回报，"伦敦大学柏贝克学院的伊恩·克劳福德（Ian Crawford）教授谈道，"宇航员比机器人更灵活。他们行动的范围更大，能带回更多样本。"

探索火星本身的意义固然重大，同时也能让我们更了解地球。地球生命起源仍旧是一个未解之谜。没有人知道地球从宜居到真正有生命存在，这之中到底经历了什么变化。我们无法在实验室内，把几个试管里的化学物质混合起来就生成生命。更不幸的是，生命形成时存在于地球上的岩石经过地球上地形不断变化后，都已经不存在了。由于板块的不断相互运动，地球上时常发生地震和火山喷发，古老的岩石在这些地质活动中经历了岩石循环，身

上来自远古时期的化石和化学物质的印记都被抹得一干二净。

火星和地球不一样。火星比地球小，所以不会产生地球那么大的内热，也就无法形成地质板块。所以火星上来自远古时期的岩石一定还存在，在这些石头中或许就有很久以前火星上形成生命的蛛丝马迹。

我们还没有从火星上带回岩石样本投入研究。也有过一些让机器人带回几百克岩石样本的计划，不过克劳福德教授表示，只有人类才能带回用于研究的岩石。他认为，载人航天设备为了保持舱内宇航员存活，一定是非常重的，而到我们研发出这种飞船的时候，几百克的岩石样本相比起来只能算是九牛一毛了。

火星上的情况普遍是这样，事实上极有可能就是如此，那么让宇航员进行为期500天的往返火星之旅就违反了NASA目前的安全规定。更糟糕的是，太阳上时不时会发生大规模爆炸，释放出强烈的辐射，对于暴露在太空中的人类是极度危险的。在执行火星任务的过程中，宇航员必须在危险的辐射中求生，而目前还没有被证实可行的解决办法。

宇航员还面临微重力的问题。没有了地球的引力，人的肌肉质量会变小，身体其他部位也会衰退。宇航员

的脊柱会被拉长，造成疼痛，并且在返回地球后，更容易患椎间盘突出。他们登上火星后，就会面临这些问题，因为火星的重力只有地球的38%。

身体防护

2015年，欧洲航天局宇航员安德烈亚斯·莫根森（Andreas Mogensen）前往国际空间站执行任务，他身穿紧身衣，因为航天局认为紧身衣能帮助宇航员抵抗微重力对身体的影响。如果最后证明这种方法行之有效，宇航员到达火星时身体状况

一辆底架装载机正在运输猎户座太空舱模型

就会更好，就能直接开始工作，不需要进行任何康复训练。

目前没有人知道谁将是那个第一个踏上火星的人。但迪安对这个问题很了解："登陆火星的人选肯定是个大活人。如果目前尚未退役的宇航员被选中执行火星任务，我一点也不会觉得奇怪。"

斯图尔特·克拉克博士

> **"登录火星的人选肯定是个大活人。"**

NASA 计划重新启用广域红外巡天探测器（Wide-field Infrared Survey Explorer, WISE），其将在2014 年继续对小行星和彗星进行探测

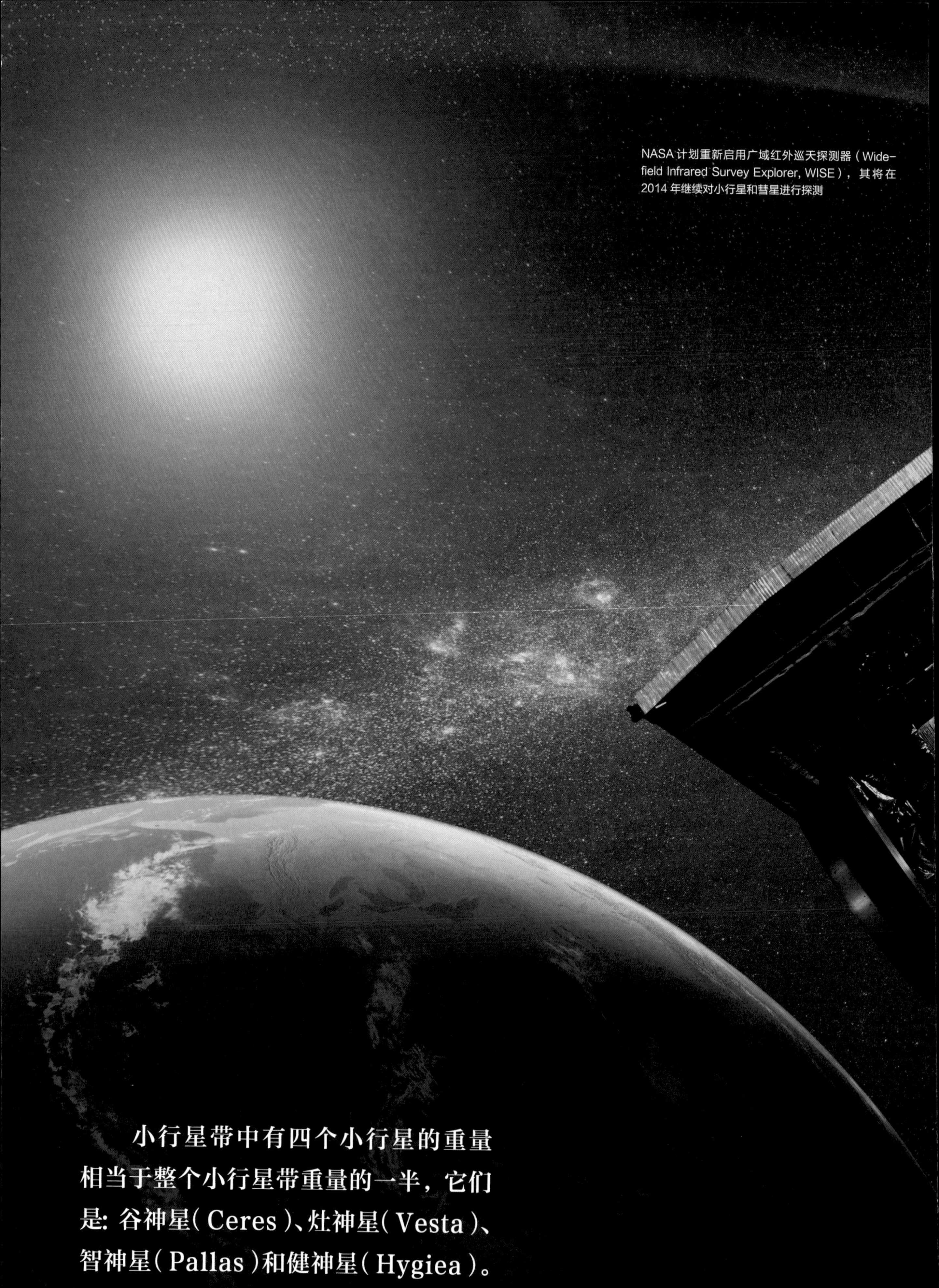

小行星带中有四个小行星的重量相当于整个小行星带重量的一半，它们是：谷神星（Ceres）、灶神星（Vesta）、智神星（Pallas）和健神星（Hygiea）。

小行星带

这一圈绕着太阳运行的残骸展示了行星无法正常形成时会发生什么。

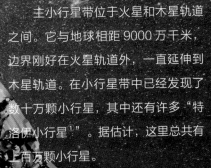

主小行星带位于火星和木星轨道之间。它与地球相距 9000 万千米，边界刚好在火星轨道外，一直延伸到木星轨道。在小行星带中已经发现了数十万颗小行星，其中还有许多"特洛伊小行星[1]"。据估计，这里总共有上百万颗小行星。

小行星带中的小行星体积各异，有像矮行星谷神星那么大的，也有像尘埃一样极微小的分子。但小行星带中的小行星相对来说不算稠密，而且已经有好几个无人驾驶的航天器安全地穿过了小行星带。

人们认为小行星带在太阳星云形成的时期诞生——这些小行星从未发育成完整的行星。它们本来可以变成一群原行星，但受木星的引力作用的影响，它们获得的轨道能量太多，阻碍了它们发展成行星：它们互相碰撞时不但没有相融合，反而破裂成更小的碎片。木星引力对小行星带中的天体的影响一直持续到今天：当小行星的轨道与木星轨道形成共振，就会遭受明显的干扰，使得一些小行星偏离到其他天体的轨道上。

小行星带中有四个小行星的重量相当于整个小行星带重量的一半，它们是：谷神星、灶神星、智神星和健神星。整个小行星带的质量相对较小，只有月球质量的 4%。但它的质量并不是始终都这么小，计算机模拟表明主小行星带曾经的质量接近地球质量，但在其最初形成的 100 万年内，它没能形成真正的行星，这就意味着随着它的轨道越来越接近太阳，它大部分的质量都被木星的运动和其引力作用分散了。

从天文学角度来说，小行星带相当稠密，这说明碰撞可能经常发生，事实上碰撞也的确经常发生，有时会产生惊人的后果。例如，有一项研究表明，小行星 298 Baptistina 发生的一次大型撞击中，几块碎片飞向了太阳系内部，在月球形成了第谷环形山（Tycho crater），还在墨西哥撞出了希克苏鲁伯陨石坑，人们认为形成希克苏鲁伯陨石坑那一次撞击引发了6500 万年前的恐龙灭绝。

哨兵监视系统（Sentry Monitoring System）已经记录下了所有已知的小行星，并会对未来 100 年内可能撞击地球的小行星进行监控。

艾伦·德克斯特（Alan Dexter）

木星的引力给了小行星带中的天体太多轨道能量，阻碍了它们发育成行星。

---

① 特洛伊小行星：与木星共用轨道，与木星一同绕太阳旋转的一群小行星。

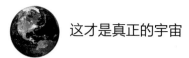

从天文学角度，小行星之间的撞击经常发生，但经过小行星带的宇宙飞船尚未受到撞击的影响

小行星的英文名 asteroid 来源于希腊语 asteroeides（像星星的），最初发现的小行星用肉眼看只是几个光点

艺术家对小行星带的想象图。小行星带之外也有小行星存在，不过小行星最集中的地方还是在小行星带以内

七大特别的小行星

2013 TV135

发现日期：2013 年 10 月 8 日

　　TV135 在 2013 年 9 月 16 日运行到了距地球 420 万英里以内的范围。它绕轨道运行一周需要四年时间，但预计它在 2032 年以前都不会运行到地球附近。这颗小行星撞击地球的可能性仅为 1/63000，也就是它不撞击的概率为 99.998%。

2008 TC3

发现日期：2008 年 10 月 6 日

　　这一重达 80 吨，直径 4.1 米的小行星在 2008 年 10 月 7 日进入地球的大气层，并且在苏丹努比亚沙漠（Nubian desert）23 英里左右的高空爆炸，碎裂成 600 多块陨石。这是人类第一次在小行星进入大气层以前就预测到的撞击。

谷神星（1 Ceres）

发现日期：1801 年 1 月 1 日

　　谷神星是人类发现的第一颗小行星。它的直径达 952 千米，是小行星带中最大的天体，而质量相当于主小行星带总质量的 30%。根据它的体积，它最初被归到行星一类，后又被归为矮行星一类——内太阳系的唯一一颗矮行星。

法厄同星（3200 Phaethon）

发现日期：1983 年 10 月 11 日

　　法厄同星是颗有着不寻常轨道的小行星，它比任何其他同体积的小行星更靠近太阳（它的平均直径为 5.1 千米）。它是第一颗从宇宙飞船上被发现的小行星，是在红外天文卫星计划（Infrared Astronomical Satellite, IRAS）期间被发现的。

2005 YU55

发现日期：2005 年 10 月 28 日

这颗小行星直径为 360 米，2011 年 11 月 8 日运行到距地球 201900 英里范围内，成为了现代同体积小行星中距地球最近的小行星。它最初引起了人类恐慌——害怕它会在未来撞击地球，但在进一步研究了它的运行轨道后，它的名字已经在哨兵监控系统的未来 100 年内最可能撞击地球的小行星名单中被划去了。

1950 DA

发现日期 1950 年 2 月 23 日

在所有已知的小行星中，1950 DA 是最有可能和地球相撞的，撞击的日期很有可能是 2880 年 3 月 16 日。但是撞击发生的概率仍然很小，仅仅为 1/2270，即 0:044%。

林神星（87 Sylvia）

发现日期：1866 年 5 月 16 日

这颗小行星以罗慕路斯（Romulus）和雷慕斯（Remus）的母亲席维亚[1]（Rhea Silvia）命名，位于主小行星带的核心之外，是第一颗已知拥有超过两颗卫星的小行星。目前已知林神星有两颗卫星，分别叫作林卫一（87 Sylvia I Romulus）和林卫二（Sylvia II Remus）。

---

[1] 罗马神话中的维斯塔贞女，被战神所玷污，生下两个儿子罗慕路斯和雷慕斯。

木星：
太阳系中的国王

自转

尽管木星的体积和质量都极其庞大，它的自传速度却很快。其实，正是因为转动得太快了，木星的赤道部分才会凸出。木星的赤道距中心的距离比其两极距中心的距离多 4600 多千米。快速的自转使得木星产生了强大的磁场。

朱庇特（Jupiter）是罗马神话中的众神之王，而木星这一巨大的行星无疑是所有绕太阳旋转的星球中最宏伟的一个。

木星非常庞大，体积是地球的 1000 倍，质量是地球的 300 倍。实际上，把太阳系中所有其他行星的质量加起来，木星质量依然是这个质量总和的 2.5 倍。和土星、天王星、海王星一样，木星是一个巨型气态行星，也是地球上能观测到的最明亮的天体之一。在某些情况下，木星甚至能在地球上投下影子。

天文学家认为，如果木星体积再大一点，它反而会缩小。因为如果体积进一步增大，木星的密度变大，它就会开始收缩。人们经常把木星叫作"失败的恒星"，但这个说法并不准确。恒星通过核聚变产生能量——恒星的巨大引力在其内部产生热量和压力，使得氢原子结合在一起，形成氦，并在这一过程中释放热量。木星虽然庞大，但如果要发生核聚变，它的体积还需要再扩大 70 倍才行。

木星主要由氢以及 25% 的氦构成。木星可能也有一个重元素组成的岩质内核，但是和其他巨型气态行星一样，木星没有固态表面。由于自转速度快，木星呈扁球体状，也就是赤道地区比两极凸出。木星的外层大气在不同的纬度形成了明显不同的几个大气带，造成大气带之间的边界地带经常发生雷暴、风暴天气。

克里斯蒂安·霍尔（Christian Hall）

木星的特色

一起来了解这个巨型行星的主要特点。

木星的体积固然巨大，可是木星上随着快速的自转一起盘旋的云带才真正让它与众不同。和土星一样，木星的表面时时刻刻都在变化。如果你在望远镜上观测这颗行星，在几周时间内，你会看到它的表面形态就在你眼前发生变化。

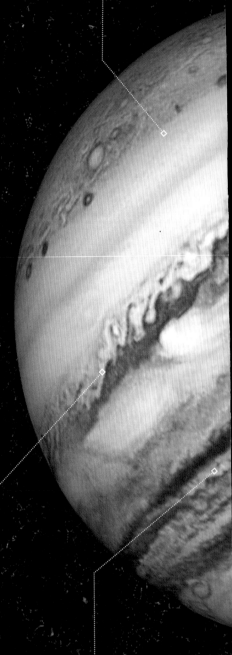

自转

木星的自转速度是太阳系所有行星中最快的了；它完成一次绕轴自转的时间还不到 10 小时。这是因为木星不是固态行星，它的某些部分自转的速度不同。木星两极的大气自转要比赤道地区的大气自转慢 5 分钟左右。

木星虽然庞大，但如果要发生核聚变，它的体积还需要再扩大 70 倍才行。

盘旋的风暴云

木星上的风暴云可能宽达几千千米，但厚度只有 50 千米左右。这些风暴云由氨晶体组成，分为两个云层，其中更暗的一层云层的组成成分是木星深处的化合物，这些化合物可以在阳光下改变颜色。在这些云的下方，由氢和氦构成的大气一直深入到木星的内部。

木星的三圈环

虽然木星环可能非常暗淡，但是与土星和天王星一样，木星的确有三圈环。这些环是卫星受到陨石撞击时所溅出的尘埃组成的，而不像土星环那样主要成分是冰块。木星的主环可能是由它的内卫星木卫十五（Adrastea）和木卫十六（Metis）中的物质组成的。

木星的形成

有关早期的太阳系，木星能给我们透露些什么吗？

木星的组成成分与太阳系其他行星一样，但木星却成为了一个巨型气态行星而不是岩态行星，这是因为太阳风把轻元素氢和氦吹到了离太阳很远的地方，因此这些地带形成的是气态行星。巨型气态行星形成的速度相对较快，而且木星成熟得很早，所以它可能影响到了其他行星的形成。

很奇怪的是，木星的位置移动了不止一次。在太阳系的幼年时期，木星向太阳靠拢过，几乎到了今天火星轨道的位置，而后木星又回到了目前的位置。木星在太阳系的这次迁移对小行星带产生了一些重大影响。随着木星缓慢向太阳运动，当它由外向内转并且运行到小行星带附近时，小行星带随之移动。然后，当木星回到原位，经过曾经形成的地方，进入了早期太阳系冰冻物体所在的区域，它把许多冰冻物体推向了太阳的方向，这些冰冻物体因此组成了今天木星和火星之间的小行星带。

木星无疑是太阳系中一颗独特的行星，但银河系中像木星这么大的行星却很常见。用于在银河系的其他星寻找系外行星的开普勒太空望远镜已经发现了上百个大小和木星类似的天体。所谓的"热木星"也很普遍，即大小和木星相似，但距离恒星近得多的行星，相当于木星处在了水星的位置。

巨型风暴

木星稠密的氢氦大气层和大型引力场造成了其表面的巨型风暴。据了解，"大红斑"（The Great Spot）这一巨型风暴最晚在 17 世纪就存在于木星上了，因为 17 世纪时人类首次用望远镜观测到大红斑。100 年前大红斑的直径达到了 40000 千米，可是它正在缩小。今天，大红斑的体型只有之前的一半大了。

轴倾角

不像太阳系中的绝大部分行星，尤其是那些岩质内行星，木星的轴倾角仅为 3.13°。因此，木星上没有明显的季节变化，这和地球以及火星恰好相反。再加上木星绕太阳的轨道周期是 11.86年，这使得木星即使有季节变化，也会十分缓慢。

发现

意大利天文学家乔凡尼·卡西尼（Giovanni Cassini）观测到土星环之间存在空隙，并开始对这些环进行分类。1675年，他发现了环中有一黑色环带，这就是卡西尼环缝（Cassini Division）。卡西尼环缝有5000千米宽，但这个黑色的空间中并非空无一物：环缝中存在水冰分子，但比起周围的区域，分子的密度较小。土星环并不是正圆形，而是会受到附近卫星的引力拉扯，出现扭曲。

土星：
光环围绕的世界

土星那标志性的环是由什么组成的？这些环是如何形成的？

1610年，伽利略·伽利莱[1]（Galileo Galilei）用他的望远镜观察天空时，发现土星周围有一圈奇异的"凸起"，这为天文学中关于土星的迷人故事做出了铺垫。最初，伽利略认为土星的凸起部分一定是两个与它相隔很近的卫星，而直到45年以后荷兰天文学家克里斯蒂安·惠更斯（Christiaan Huygens）改进了天文望远镜之后，人们才第一次观测到真正的土星环的尊容。

今天，土星是天文爱好者常观测的天体，因为他们希望一睹土星环的风采。土星环几乎全部由冰构成，宽度达到120700千米。土星本身是太阳系第二大行星，身为巨型气态行星，土星的体积是地球的95倍，而密度仅为地球的八分之一。

土星被归为巨型气态行星一类，因为它的外部主要是各种气体组成，没有固体表面，不过它很有可能有一个岩态或金属的内核。土星至少拥有62颗围着它旋转的卫星。

克里斯蒂安·霍尔

> 土星是天文爱好者常观测的天体，因为他们希望一睹土星环的风采。

---

[1] 伽利略·伽利莱：意大利天文学家、数学家、物理学家及哲学家。

土星的大气

土星的大气主要由氢组成，靠近土星核的大气会变成液态。神奇的是，土星向太空辐射的能量是它从太阳接受的能量的 2.5 倍。多出来的能量大部分都来源于土星内部深处的缓慢引力压缩运动。土星也是一个充满极端天气的狂暴世界，太阳系中某些最大型的风暴就发生在土星。这些风暴的时速可以超过 1600 千米。

土星环系统

土星共有九个环，主要成分是水冰分子和少量的岩石碎片。最近的土星环位于土星上空 6630 千米，最远的距土星表面 120700 千米。这些环的平均厚度只有 20 米，但是有些区域的厚度可以达到 1 千米或以上。至今人们对土星环是如何形成的还存在争议，但我们已经缩小了土星环来源的范围——要么是从前某颗卫星的残留物，要么是土星在形成过程中产生的碎片。我们已知的是土星附近的土卫二间歇泉中的羽状冰粒重新填充了外层的几个土星环。

向卫星进发

如果你认为卫星不过是围着各自行星打转的石块和冰块组成的球体，这篇文章应该会让你改变看法。

想要飞到月球上看看吗？不用担心，只需经过 350000 千米的航行你就能到达月球了。但为什么仅仅止步于月球呢？在我们的太阳系中，还有 172 颗各种形状、各种大小的卫星等待我们去发现。

按照行星离太阳从近到远的顺序，这 173 颗卫星分别属于以下行星：水星，0 颗；金星，0 颗；地球，1 颗；火星，2 颗；木星，67 颗；土星，62 颗；天王星，27 颗；海王星，14 颗。通常卫星都是固态的天体，很少有气态的卫星，因为大部分卫星都是由太阳系早期围绕行星运动的盘状气体和尘埃构成的。但是并非所有卫星都像月球一样是球体。行星学会（Planetary Society）的埃米莉·拉克达瓦拉（Emily Lakdawalla）说道："太阳系中仅有 19 颗卫星的体积大到自身引力足够把它们的形状变成球体。"

如果某个物体足够大，它的引力就会把它所包含的物质往中心拉拢。球体表面的每一点与球心的距离都是相同的，这样才能算作球形。由于体积小的物体引力作用不够强，不足以改变自身形状，所以依然保留了原来的不规则形状。这些"不规则"卫星的直径通常不超过 10 千米。

如果穿过太阳系，你会发现一件怪事。虽然大部分卫星和月球一样，顺着行星自转的方向绕行星旋转，并且靠近行星赤道平面（即顺行轨道），但有些较小的卫星运行方向却与行星自转方向相反（逆行轨道）。这些逆行卫星通常与行星的赤道平面形成极大的夹角，它们在太阳系的行动范围也受到更多限制。

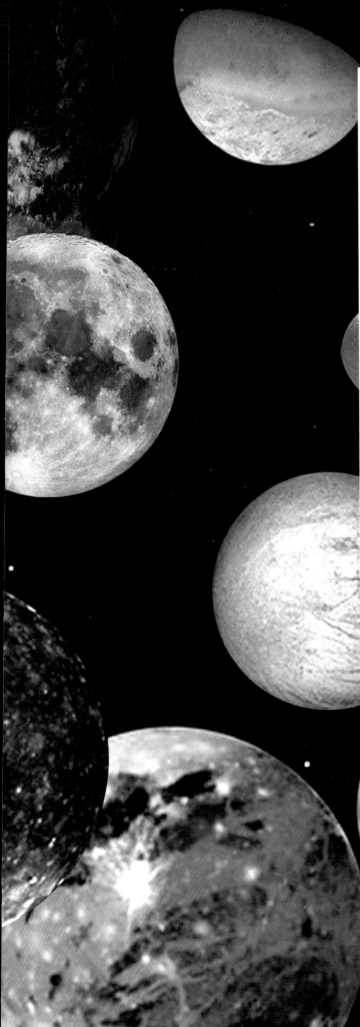

惠更斯探测器

惠更斯探测器属于卡西尼飞行器，装有六个用于数据搜集的关键设备。

惠更斯大气构造探测仪

这一设备测量土卫六大气的物理、热、和电的性质。它还配有一个麦克风，可用来记录外太阳系天体发出的第一声响动。

多普勒风仪

该设备用于测量风速，但发给卡西尼号的大部分数据都丢失了。然而，地球收到的无线电信号显示惠更斯号在降落过程中的最后60千米内遭受到风的猛烈冲击。

光谱辐射计／降落成像系统

该设备主要研究土卫六大气层内的太阳辐射平衡，同时光谱分析仪和测光表测量地下145千米的振荡辐射通量。

气象色谱仪和成分分光计

这一设备分析土卫六大气层的化学物质，也收集土卫六表面的测量读数。

悬浮物质采集器和高温热解器

这一设备先对样本进行加热分解，对得到的物质进行进一步分析，然后通过过滤器收集土卫六的大气悬浮物质（微小的尘埃分子与飞沫）。

表面科学工具包

该设备测量土卫二受到撞击的表面的物理性质。它包含一个加速计，用于测量撞击减速，还有传感器，用于推定温度和导热系数等数据。

惠更斯探测器于2005年1月14日在土卫六着陆

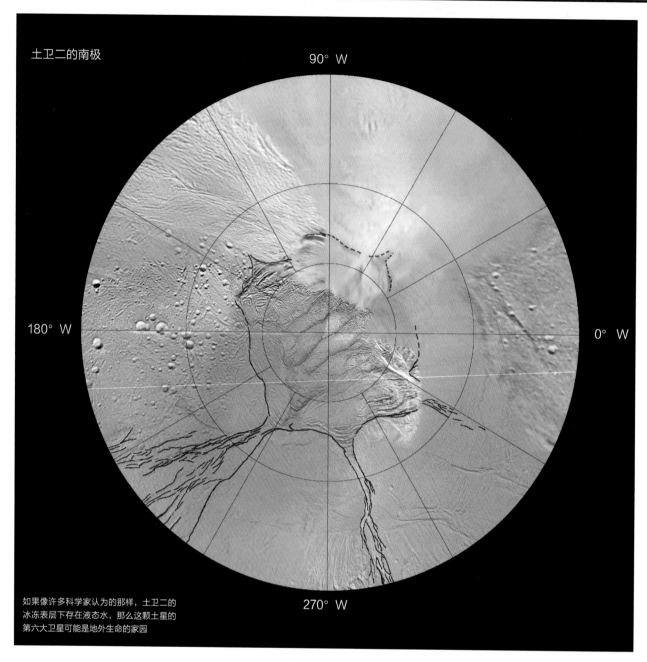

土卫二的南极

90° W

180° W

0° W

270° W

如果像许多科学家认为的那样，土卫二的冰冻表层下存在液态水，那么这颗土星的第六大卫星可能是地外生命的家园

探测土卫六

　　土卫六的轨道就是逆行轨道。它是土星 62 颗卫星当中最大的一颗，直径达 5150 千米（见 156 页 "最大的卫星"），也是唯一一颗人类探测器成功着陆的外太阳系卫星。

　　2005 年 1 月，惠更斯探测器（Huygens probe）穿过土卫六主要由氮构成的大气层，扬起了一团充满甲烷和乙烷的稠密橙色烟雾。虽然惠更斯探测器仅仅给它的轨道飞行器 "卡西尼号" 发送了 90 分钟的数据，科学家对这些数据一直研究至今。最近的研究成果之一是发现了土卫二表面是一层柔软而湿润的沙粒，还覆盖着一层易碎的外壳。

　　"这就像是表面结冰的雪，" 美国亚利桑那大学（University of Arizona）行星研究员埃里希·卡尔科施卡（Erich Karkoschka）说道，"如

虽然大部分卫星和月球一样，顺着行星自转的方向绕行星旋转，并且靠近行星赤道平面，但有些较小的卫星运行方向却与行星自转方向相反。

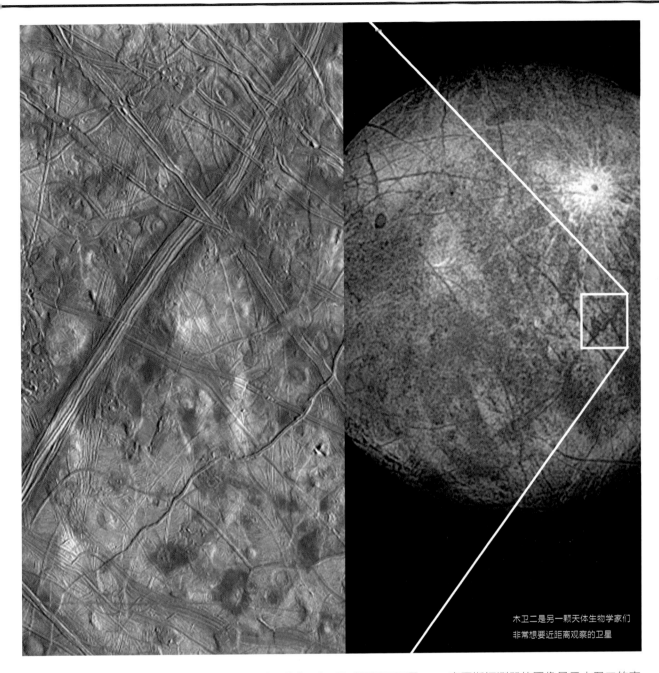

木卫二是另一颗天体生物学家们
非常想要近距离观察的卫星

果你小心地在上面行走，感觉就像走在固体的地面上，但如果你不小心踩重了，你会深深地陷进去。"

"卡西尼号"飞行器拍摄到了太空探测历史上最珍贵的照片。它的雷达图像上有一系列黑色区域，这表示雷达波没有被反射回来。这些黑色区域位于土卫六平坦的表面上，透过观测土卫六的行星棱镜，科学家推测这些区域是液态甲烷湖。

惠更斯探测器同时记录下了另一个土星卫星土卫二的数据。土卫二是太阳系反射光的量最多的天体。它的直径为400千米，离土星10亿多英里，两个半球区别非常明显。土卫二的北半球看起来和其他冰质卫星没有差别，表面布满了深不可测的环形山。然而，

惠更斯探测器的图像显示土卫二的南半球表面光滑，没有任何伤痕，这表明这部分是新形成的。热成像的结果显示有冰从巨大的火山喷射而出，表明土卫二地下存在热点。两个证据都使科学家认为土卫二能够容纳生命。

土卫二表面是一层柔软而湿润的沙粒，还覆盖着一层易碎的外壳。

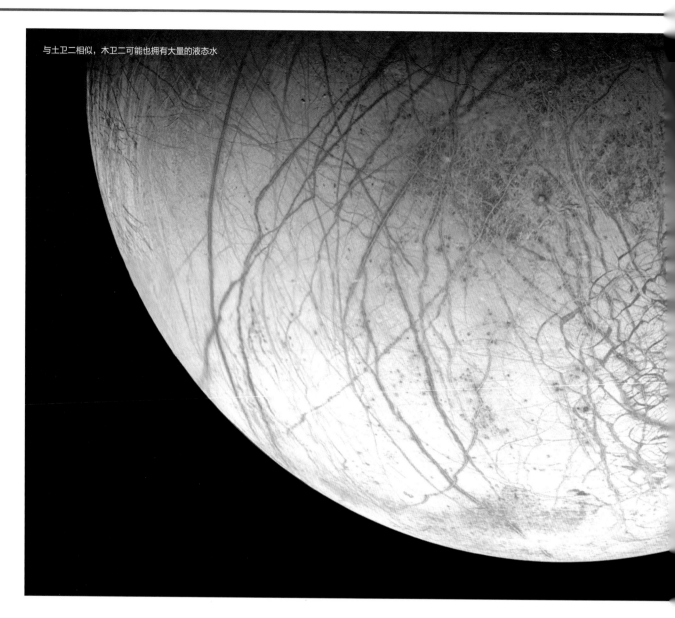

与土卫二相似，木卫二可能也拥有大量的液态水

最大的卫星

太阳系有六颗行星都有自己的卫星。其中之一是月球，是第五大卫星。以下是其他行星的最大卫星。

火卫一（Phobos）

火卫一是火星的两颗卫星中较大的一颗，但直径仍只有 22 千米。实际上，火卫一的存在令人费解，它遭受的陨石撞击非常惨烈。它的不规则形状以及主要为岩石和冰的成分表示它是一颗被"捕获"的小行星。

木卫三（Ganymede）

木卫三是太阳系最大的卫星，直径 5268 千米，比水星还要大。如果它绕行的是太阳而不是木星，它就可以被归为行星一类。木卫三主要由三层组成：核外面是一层金属矿石，金属矿石外面覆盖着一层岩石，岩石外面又包裹着一层 800 千米厚的冰。

目的地：木卫二

欧洲下一个科学任务——木星冰月探测计划（JUICE）的核心是探测地外生命的存在。该计划将于2022年开启，探测器将于2030年到达木星，至少花三年时间对木星以及木卫二进行探测。

英国伦敦大学学院（University College London）的刘易斯·达特内尔博士说："我们感觉在木卫二冰冻的外壳之下存在一个巨大的水体，含有的水比地球上所有的湖泊、海洋和大洋的水都多，而哪里有水，哪里就有生命。"

"旅行者1号"太空飞船在20世纪70年代就拍摄了木卫二的照片，从此以后这颗卫星就引起了人类的极大兴趣。木卫二的表面冰层只有100千米厚，因此甚至连亚瑟·查理斯·克拉克（Arthur C Clarke）都认为冰层之下可能存在生命。如果这引起了你探索地外生命的兴趣，你可以访问 Objective Europa 的网站（www.objective-europa.com），这是一个兴趣小组，致力于回答一个问题：是否可能把宇航员送上木卫二？而实际上木卫二只能是有去无回。

这些卫星上是否存在生命？我们还在等待答案。虽然木星这样的巨型行星可能存在强烈的辐射带，阻挠生命的形成，但有一件事是确定的：不懈的探索会不断深化我们对生命和宇宙的理解。

詹姆斯·威茨

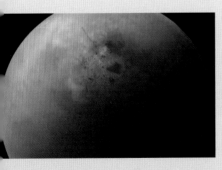

土卫六（Titan）

土卫六直径5150千米，比月球和水星都要大。它的表面温度约为零下178摄氏度，所以它的表面都是冰。土卫六离土星约1200000千米远，所以它需要将近16天才能完成一次公转。它的大气压强比地球高出大约60%。

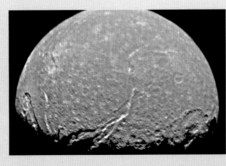

天卫三（Titania）

天卫三的直径为1578千米，表面上有许多环形山，直径最大可达326千米。它的红外光谱图显示其表面除了有冰冻的二氧化碳，还有水冰。天卫三上有独特的肉眼可见的断层谷地形，将近1600千米长，属于天卫三地壳的地质延伸现象。

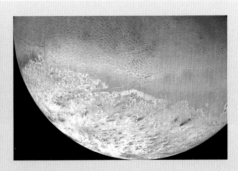

海卫一（Triton）

海卫一是太阳系最大的逆行卫星，也就是公转方向与行星的自转方向相反的卫星。它的直径为2700千米，上层地壳是一层冻结的氮，下面是冰构成的地幔，而据说海卫一的核心是岩石与金属组成的。

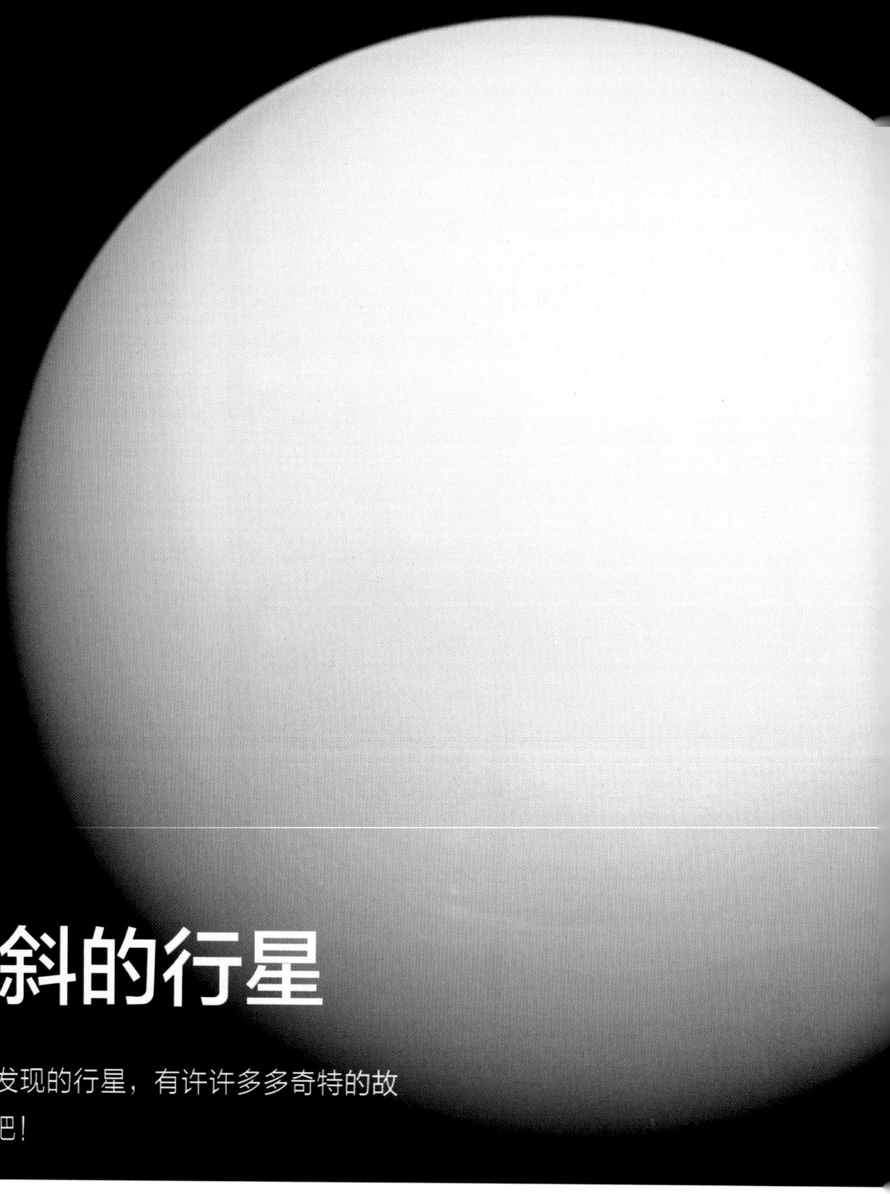

天王星：倾斜的行星

天王星，人类第一次用望远镜发现的行星，有许许多多奇特的故事。跟随这篇文章一起探索天王星吧！

天王星上很寒冷。其实，它本不应该如此寒冷的，可是它却拥有太阳系中最寒冷的行星大气。冥王星离太阳比天王星还要远上 17 亿英里，可是气温却比天王星高出一些。并且我们至今仍然无法解释为什么天王星的温度可低达零下 224 摄氏度。

为何天王星会变得这么寒冷？我们的众多猜测中听起来最合理的一个版本是，在太阳系早期，天王星受到了一颗特大天体的撞击，使得它向太空中释放了大部分热量，而自身内核的热量就所剩无几了。这个猜想特别

让人信服，因为它同时能够解释为什么天王星会出现另一个奇特现象——自转轨道的倾斜。

卧倒的巨人

大多数行星的自转轨道与黄道平面是垂直的，你可以想象把一个球体（代表行星）的赤道地区用线条标记出来，行星围绕太阳旋转的时候，这条线一直处在水平状态。然后把这个圆球粘在圆形唱片盘（太阳系平面）的边缘，

唱片盘旋转的时候，圆球还是直立的。可是，天王星在众行星中却独树一帜，它的自转轴非但不垂直于黄道平面，反而几乎与之平行。用我们的例子来说，就是转动这个赤道地区画线的圆球，让这条线呈垂直状态，然后让它跟着唱片盘转动。所以，先不论能不能站在天王星这个气态行星上，如果你站在天王星的北极，你度过的一天会有地球上的 42 年那么长。

为何天王星倾斜得这么厉害？我

我们至今仍然无法解释为什么天王星的温度可低达零下 224 摄氏度。

透过 1900 年旅行者号的图像，天王星看起来可能没
什么特别的，可在近红外线下，你可以观察到天王星
上的云带和风暴

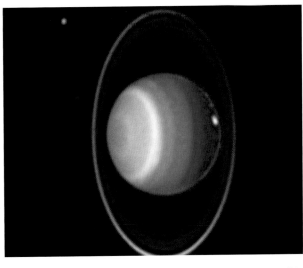

与土星、木星一样，天王星也有光环。但天王星光环是由直径不到一米的小颗粒组
成的

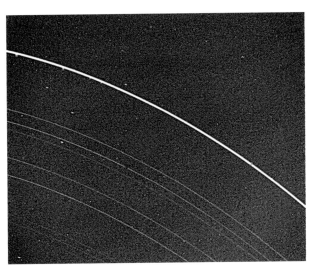

目前已经观察到了天王星的 13 圈环。它们平均只有几千米宽，其中最明亮的是
是 ε 环

天王星在众行星中独树一帜，它的自转轴非但不垂直于黄道平面，反而几乎与之平行。

们不知道。但有理论认为它在形成初期被某个巨型物体撞击了，这也许能解释为何天王星会出现 97.77° 的倾斜以及为何它有如此严寒的大气层。

天王星由威廉·赫歇尔（William Herschel）爵士在 18 世纪 80 年代发现，不过他最初认为这是一颗彗星。它也是"旅行者 2 号"探测器（Voyager 2）的太阳系之旅中第一个造访的行星。"旅行者 2 号"收集到了大量图像和数据，帮助我们发现了 10 颗天王星的卫星，仔细探究了天王星奇怪的磁场（见下一页文章）。我们也发现天王星的光环形成较晚，与木星和土星的光环大不相同。"旅行者 2 号"是我们唯一的天王星探测计划，目前已经提议进行进一步的探测计划，只是还没有得到批准。

克里斯托弗·菲恩（Christopher Phin）

天卫五满是裂痕的表面和其他太阳系中天然卫星的表面不太一样

关于天王星的几个有趣事实

从外面看，天王星好像就是个普普通通的蓝色星球，但其实它是太阳系中一个十分有趣的星球。如果你一层一层地进入天王星内部，你会看到不可思议的天气现象，还有时速直逼 900 千米的风，等等。除了这些，天王星还有更多的有趣之处……

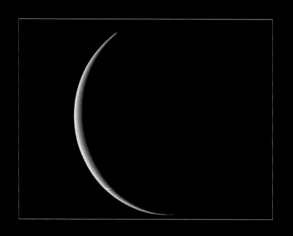

蓝色行星

虽然天王星的大气中主要是氢和氦，但由于存在甲烷（含量约为 2.3%），它的外表呈蓝绿色。左下侧这张照片是"旅行者 2 号"在离开天王星驶向海王星时拍摄的。

名字的含义

天王星（Uranus）是太阳系中唯一一颗以希腊神话中神的名字命名的行星，其他行星都是以罗马神话中神的名字命名的。但其实 Uranus 是希腊文 Ouranos 的拉丁文写法。赫歇尔本人原本想用他的赞助人英国乔治三世国王来命名天王星，但这个做法并未受到世人支持。

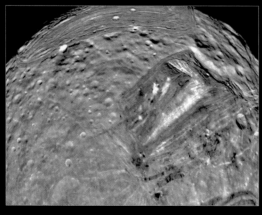

冰的撞击

天卫五（Miranda）是离天王星最近的卫星，为了从天卫五的引力中获取推动力，"旅行者 2 号"曾经靠近过这颗卫星。人们发现天卫五是颗迷人的星球——它的表面呈阶梯状，这表示新形成的表面和旧的表面同时存在于这颗卫星上。

想不想来一份温暖的冰沙？

虽然由于天王星上的冰冻水、氨和甲烷比木星和土星都多，因而被归为巨型气态行星一类，但它也时常被归为巨型冰质行星。然而，它的地幔部分相对比较温暖，呈现出冰沙的质地，里面包裹着硅酸盐和铁镍构成的核。

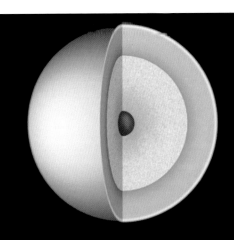

侦查天王星

天王星是第一个人类用望远镜发现的行星（除了被降级为矮行星的冥王星，海王星是另一颗用望远镜观测到的行星）。目前你可以在英国巴斯（Bath）的赫歇尔天文博物馆（Herschel Museum of Astronomy）看到当时赫歇尔用的望远镜的复制品。

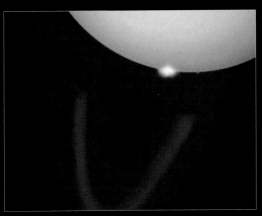

失灵的指南针

行星上的磁极通常是与它的自转轴相对应的，但天王星的磁场倾斜了将近 60 度。不仅它的北极磁场比南极磁场强 10 倍，正如你在左侧图片上看到的那样，它的极光也不在极点出现。

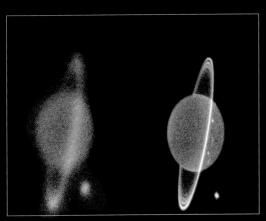

遥望天空

虽然天王星最清晰的图像是"旅行者 2 号"拍摄的，但由于凯克天文台使用了可以针对地球大气紊乱现象进行矫正的自适应光学系统（adaptive optics system），地面的望远镜也能观测到 17 亿英里以外的天王星。

海王星：
下钻石雨的行星

穿过 27 亿英里的距离去凝视太阳系最遥远的行星。

海王星是太阳系最后一颗行星。它距离我们太遥远了，所以它是第一个靠数学计算而不是观测被发现的星球。在这之前，天文学家布瓦尔（Alexis Bouvard）在 19 世纪早期表示天王星的运行轨道受到了一颗未知行星的干扰，后来才发现这颗行星就是海王星，一颗主要由氢和氦构成的巨型冰质行星。正如木星引力影响小行星带，海王星也影响了其轨道之外的柯伊伯带。

克里斯托弗·菲恩

女巫之眼（The Wizard's Eye）

"女巫之眼"这个名字听起来比它的本名"小暗斑"（Small Dark Spot）更令人浮想连篇。这其实是"旅行者 2 号"造访海王星期间，星球上发生的第二剧烈的风暴。图片上的白色云有一点像地球上的卷云，它形成的地点就位于海王星的对流层顶或稍低一点的地方，但这些云在大气中停留的时间可比地球上的云长得多。

海王星的卫星

海王星有 14 颗卫星。最大的一颗海卫一，在 1846 年发现海王星的 17 天以后被发现。海卫一体积比冥王星小，占所有绕海王星运行的天体总体积的 95.5%。其他的卫星很小，第二大卫星海卫二到 1949 年才被杰拉德·柯伊伯（Gerald Kuiper）发现。1989 年"旅行者 2 号"发现了另外 6 颗卫星，在 21 世纪早期，又发现了更多卫星。最后一颗卫星 S/2004 N1 的位置在 2013 年通过分析哈勃望远镜的数据而被确定。这颗卫星的直径只有 18 千米，科学家认为它是海王星从柯伊伯带中捕获的。

深蓝色

海王星大气中的甲烷赋予了这颗星球深蓝色的外观，恰好和它的名字——罗马神话中的海之神尼普顿（Neptune）——相称，而且"深蓝色"也给海王星带来了令人惊叹不已的副产品。在海王星的极端压强和气温作用下，甲烷能够形成钻石，从天空落向行星的中心。

巨型风暴

"旅行者 2 号"在 1989 年拍下了海王星的大暗斑（Great Dark Spot），记录下了这一风暴中最高 2400 千米 / 时的风速。虽然大暗斑的外表和木星的大红斑很像，但它们之间存在差别，其中最大的一个差别就是木星的大红斑已经存在了数百年，海王星的大暗斑存在时间却短得多。在 1994 年哈勃望远镜再度观察海王星的时候，大暗斑已经消散了。

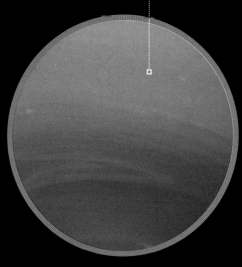

柯伊伯带

对一颗矮行星的发现证实了一个猜想，并且让冥王星失去了它的行星地位……

柯伊伯带是太阳系中位于海王星轨道外的一个区域，距太阳 30~50 宇宙单位（宇宙单位，astronomical unit，一宇宙单位等于地球到太阳的距离）。柯伊伯带和小行星带有点类似，但柯伊伯带的规模比小行星带大得多——它的宽度是小行星带的 20 倍，有 20 到 200 个小行星带那么大。柯伊伯带中主要是太阳系形成时期产生的小型天体和碎片。

柯伊伯带中某些小行星是由岩石和金属组成的，但大部分的成分是甲烷、氨以及水冰。和小行星带类似，柯伊伯带也受到了周围行星的很大影响，比如木星和海王星都会影响到柯伊伯带中的天体。

柯伊伯带中也有些体型较大的天体，其中最广为人知的就是矮行星——冥王星了。实际上正是因为发现了柯伊伯带，并且存在证据表明冥王星无法扫除轨道上的其他天体，因此冥王星就被降格成了矮行星。

柯伊伯带本身或者其中一个能指明柯伊伯带地点的天体是在 1992 年 8 月 30 日被发现的，当时天文学家大卫·杰维特（David Jewitt）和简·卢（Jane Luu）宣布发现了"疑似柯伊伯带天体"——1992 QB1。6 个月以后他们又在同一区域发现了第二颗天体——1993 FW。从此柯伊伯带中不断发现新的天体，现在数目已经超过了 1000 颗。

艾伦·德克斯特

柯伊伯带的内部
在八大行星之外的柯伊伯带，我们能发现什么？

1951 年，杰拉德·柯伊伯首次提出猜想，认为海王星之外有一群小型天体组成的盘状区域在围绕海王星运行。他提出，在太阳系形成过程的早期，这个区域就存在了，但现在并不存在，但 41 年之后，这一天体带被发现了，并且以柯伊伯名字命名。

彗星的起源

短期彗星，指那些绕太阳一周所需时间小于 200 年的彗星，可能就发源于柯伊伯带外部的一个叫"离散盘"的区域（上面图中的明亮区域）。

冰冻的天体

自从柯伊伯带在 1992 年被发现后，已知柯伊伯带星体（KBO）的数量已经超过了 1000 颗。但人们认为在柯伊伯带中存在数十万个直径大于 100 千米的冰质天体，同时还预测柯伊伯带中至少有上千亿颗彗星。

大气

柯伊伯带中有好几颗矮行星的大气都非常稀薄，这些矮行星沿轨道远离太阳的过程中，它们的大气层逐渐变得微弱。虽然有一些矮行星也有自己的卫星，但柯伊伯带太寒冷了，无法维持生命。

柯伊伯带中主要是太阳系形成时期产生的小型天体和碎片。

柯伊伯带有时被称作"艾吉沃斯－柯伊伯带"（Edgeworth–Kuiper belt），以向肯尼斯·艾吉沃斯（Kenneth Edgeworth）致敬，因为他在柯伊伯公布其猜想的 10 年前就提出了柯伊伯带存在的观点。然而，就像天文学家布赖恩·马斯登（Brian Marsden）说的："不管是艾吉沃斯还是柯伊伯，他们当时的理论和我们今天看到的柯伊伯带相距甚远，但弗雷德·惠普尔（Fred Whipple）却为柯伊伯带的发现做出了切实贡献。"

离散盘

太阳系中距太阳最遥远的区域。

天文学家最初认为彗星起源于柯伊伯带。除此之外，目前科学家认为柯伊伯带基本处于稳定状态。而此前天文学家认为起源于柯伊伯带的那群彗星可能来自于离散盘。

离散盘中的天体受巨型气态行星的影响很大，这导致轨道离心率很高的彗星能够运行到离太阳 30~35 天文单位的地方，最远则可以离太阳 100 天文单位。这说明离散盘中的某些天体轨道有时会穿过柯伊伯带，也会延伸到柯伊伯带之外。和柯伊伯带比起来，离散盘中的天体比较稀少，大多数都是冰质的星子（行星的小碎片）。离散盘中最出名的天体是阋神星（Eris），它在太阳系所有天体的质量大小中排第九。

阋神星于 2005 年被发现，直径为 2326 千米，质量比冥王星高出 27%。它还有自己的卫星，阋卫一（Dysnomia）。到 2011 年为止，阋神星的高离心率轨道把它的位置移动了三次，一次比一次远离太阳，甚至比冥王星离太阳还远，因此阋神星成为太阳系中已知绕太阳运行的天体中距太阳最远的一颗。由于质量很大，科学家认为阋神星的起源地靠近柯伊伯带的内侧边缘，之后在太阳系形成过程中它的运行轨道距太阳越来越远。

卫星之舞

太阳系中的一些卫星，例如海卫一和土卫九，被认为来自柯伊伯带。科学家主要是根据这些卫星的构成成分给出这一猜想的。

"新地平线号"探测器（New Horizons）

"新地平线号"探测器是 NASA 首个柯伊伯带探索计划，于 2006 年 1 月 19 日发射升空，并于 2015 年 7 月 14 日飞掠冥王星。目前，"新地平线号"正在快速飞离冥王星，进入柯伊伯带中心地带。此前，只有四架宇宙飞船航行过这么远的距离。它是人类至今发射的速度最快的太空飞船，也是第一个到达冥王星的宇宙飞船。

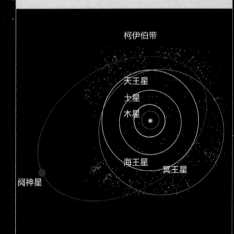

阋神星，地球最遥远的"邻居"，是位于柯伊伯带以外的离散盘的一部分

奥尔特云

在太阳系最遥远的区域，你会发现最古老的宇宙碎片，它们还在等待着飞向太阳的机会……

在柯伊伯带以外，太阳系的边界，是奥尔特云（Oort cloud）所在的地方。奥尔特云的主要组成部分是冰质的星子，这些星子又是由冰、氨和甲烷构成的，它们都是 46 亿年前太阳系诞生时期产生的碎片。

与柯伊伯带的天体相比，奥尔特云中的这些天体受太阳引力的影响更小。这说明它们可能会受其他星系的恒星影响，这使得这些奥尔特云星体（OCO）朝着太阳系的中心运动，而这个过程会把它们变成彗星。

庞大无比的奥尔特云

奥尔特云的内边界离太阳大约 5000 天文单位，外边界距太阳 100000 天文单位。想到 1 天文单位等于地球与太阳的距离（9300 万英里），而冥王星距太阳仅为 39 天文单位，你就可以想象奥尔特云离太阳究竟有多远以及它究竟有多大了。

奥尔特云是以荷兰天文学家扬·奥尔特（Jan Oort）的名字命名的。为了找到解释太阳系形成过程以及彗星的发源地的方法，奥尔特提出"奥尔特云存在"的猜想。虽然这一猜想并没有被直接观测结果证实，但在科学界它被认为是最有可能符合事实的理论。

艾伦·德克斯特

这幅 C/2001 Q4 彗星的图像拍摄于 2004 年 5 月 7 日。这颗彗星在 2001 年被 NASA 的"近地小行星跟踪系统"（Near Earth Asteroid Tracking system）发现

1986 年，"乔托号"（Giotto）成为第一架拍摄到某颗彗星彗核的宇宙飞船，这颗彗星就是当时刚经过太阳最近点、渐行渐远的哈雷彗星

彗星

是什么推动奥尔特云中的冰质星体飞向太阳？

彗星分为两种。一种是短周期彗星，其绕太阳运行一周的时间小于 200 年。短周期彗星一般来柯伊伯带，但总有例外情况，比如哈雷彗星（Halley's comet）就是一颗源自奥尔特云的短期彗星。另一种是长周期彗星，即绕日运行周期不少于 200 年，如来自奥尔特云的彗星绕轨道一圈的时间可以长达 300 亿年。

每一颗彗星都有一个小的冰冻核心，叫作彗星的慧核（nucleus），慧核的直径通常只有两三千米。然而，随着彗星越来越接近太阳，慧核的热量会升高并且发散出大气层，叫作慧发（coma），慧发的直径可达几十万千米。阳光的压力与高速太阳分子迫使慧发中的物质远离太阳，于是就让彗星长出了长长的尾巴。事实上，彗星有两条尾巴——一条尘埃尾巴和一条等离子体尾巴，这两条尾巴都可以用专门的设备观测到。

到 2013 年 7 月为止，已经发现了 4894 颗彗星，这一数字还在持续上升，但比起所有的彗星数量来说只是沧海一粟。根据我们对彗星的大致了解，总共有 1000 亿到 20000 亿颗彗星在围绕太阳运行。

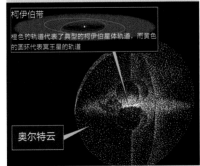

柯伊伯带

橙色的轨道代表了典型的柯伊伯星体轨道，而黄色的圆环代表冥王星的轨道

奥尔特云

奥尔特云是一个位于太阳系最边缘的球形区域，这一区域的温度可能低至零下 270 摄氏度

· 167 ·

X 行星？
　　有新证据表明一颗"超级地球"可能存在，它的体积是地球的 10 倍，可能在非常遥远的地方绕太阳运行。

寻找
被遗漏的
神秘行星

天文学家们常去探测离地球几千光年以外的行星，但是在我们的太阳系，是否存在一颗尚未被发现的行星呢？

"我有一个非常简单的方法来快速记住行星的名字。"（My Very Easy Method Just Speeds Up Naming Planets）这个口诀曾经被人用来记住太阳系所有行星的名字（每个单词的首字母就是每个行星的首字母）。可是今天，每个读书用功的孩子都知道太阳系只有八颗行星，而不是九颗。我们已经把冥王星从行星的名单中除去了，这说明我们给太阳系画的素描图，远远没有定稿。

在把冥王星降级为矮行星之前，我们已经发现了其他天体，其中有一些和冥王星差不多大，也围绕太阳旋转，不过距离更远。如果冥王星能算作行星，那这些天体也一定都是行星。但在 2006 年，天文学家制定了严格的评定行星的标准，冥王星和其他冰质天体被行星大家庭拒之门外。但越来越多的证据表明，在太阳系的更远处，可能还存在着另一个行星——一颗"超级地球"，一颗体积大于地球但小于天王星和海王星的行星。

2003 年，天文学家发现赛德娜星（Sedna），这是一颗似乎本不应该存在的小行星，独自运行在柯伊伯带和奥尔特云之间（见 170 页"太阳系的新地图"）。这时人们发觉非常有必要对太阳系进行另一次大搜寻。难道地球这样一个小小的星球真的独自生存在毫无生气的宇宙之中？对这个问题似乎没有行得通的解释。因此，大部分天文学家得出的结论是，生命一定还存在于另外一个世界，早在那个星球步入正轨之前就存在了。

科学家一直都在搜寻这个无人之境，想要寻找其他像塞德娜星的星球。但几乎10年过去了，他们的努力并没有结果。不过就在2014年，事情开始出现转机，在这个无人之境，发现了另一颗类似塞德娜的星球，这颗星球现在的官方名称是2012 VP113，发现它的科学家戏称其为"拜登"（Biden），即美国第47任副总统乔·拜登（Joe Biden）的名字。

拜登星证明我们发现塞德娜并非侥幸——不管是什么造成了塞德娜的独自流浪，其同样也造成了粉色迷你行星VP113的孤立无援。那么到底发生了什么呢？

其中一种解释把矛头指向了太阳系以外。天文学家相信在太阳诞生时，它附近有一些姊妹星球。在过去几十亿年中，这些姊妹星球迁移到了更远的地方。虽然姊妹星球的引力在今天已经不足以影响像塞德娜和拜登这样的天体，但在很久以前姊妹星球可能已经把它们驱逐出内太阳系，并把它们拖到了今天的轨道上。

不过更有可能的解释是，上述过程的运动方向是反向的，即太阳在诞生初期从邻近的星系中"偷来了"这两颗星球。拜登星的发现者、美国华盛顿特区卡内基科学研究所（Carnegie Institution for Science）的斯科特·谢泼德（Scott Sheppard）博士说道："这

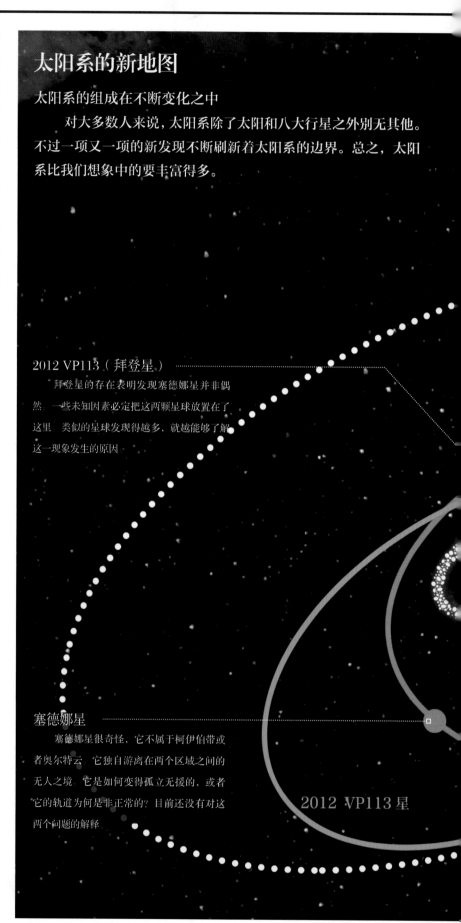

太阳系的新地图

太阳系的组成在不断变化之中

对大多数人来说，太阳系除了太阳和八大行星之外别无其他。不过一项又一项的新发现不断刷新着太阳系的边界。总之，太阳系比我们想象中的要丰富得多。

2012 VP113（拜登星）

拜登星的存在表明发现塞德娜星并非偶然，一些未知因素必定把这两颗星球放置在了这里。类似的星球发现得越多，就越能够了解这一现象发生的原因。

塞德娜星

塞德娜星很奇怪，它不属于柯伊伯带或者奥尔特云，它独自游离在两个区域之间的无人之境。它是如何变得孤立无援的，或者它的轨道为何是非正常的？目前还没有对这两个问题的解释。

2012 VP113星

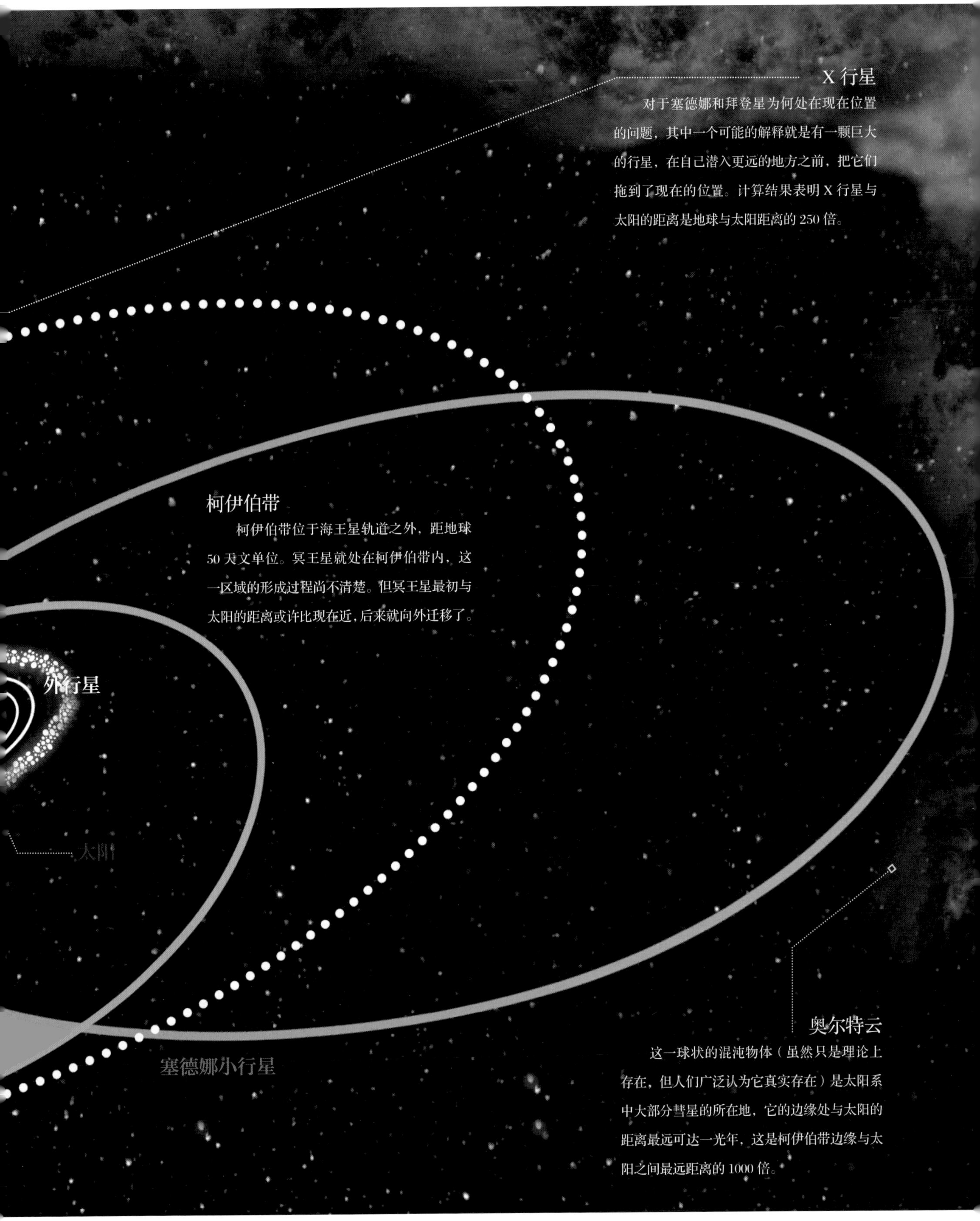

X 行星

对于塞德娜和拜登星为何处在现在位置的问题，其中一个可能的解释就是有一颗巨大的行星，在自己潜入更远的地方之前，把它们拖到了现在的位置。计算结果表明 X 行星与太阳的距离是地球与太阳距离的 250 倍。

柯伊伯带

柯伊伯带位于海王星轨道之外，距地球 50 天文单位。冥王星就处在柯伊伯带内，这一区域的形成过程尚不清楚。但冥王星最初与太阳的距离或许比现在近，后来就向外迁移了。

外行星

太阳

塞德娜小行星

奥尔特云

这一球状的混沌物体（虽然只是理论上存在，但人们广泛认为它真实存在）是太阳系中大部分彗星的所在地，它的边缘处与太阳的距离最远可达一光年，这是柯伊伯带边缘与太阳之间最远距离的 1000 倍。

发射于 2006 年的"新地平线号"宇宙飞船于
2015 年 7 月经过冥王星

这才是真正的宇宙

艺术家对小小的塞德娜星以及它的红色表面的想象图

艺术家对柯伊伯带中冰质星体的想象图

个解释也许是一匹黑马。"但第三种解释——在太阳系中还存在着一颗行星，只是我们一直没有发现——无疑是最有趣的一种解释。

> **不管是什么造成了塞德娜的独自流浪，其同样也造成了粉色迷你行星 VP113 的孤立无援。**

"X 行星"（Planet X）存在的证据

早期的太阳系是一个骚乱喧嚣的世界，而体积达到行星水平的天体比现在已知的 8 颗行星多得多。然而，其中一些天体可能已经彻底被太阳系驱逐出去了。天文学家已经在其他星系探测到了一些"流浪行星"，它们被扔出了原来所处的星系，在不同的恒星间漫游。这就能够解释为何塞德娜和拜登来到了今天它们本不应该在的位置。

谢泼德博士说："被驱逐的天体也能够在'出走'过程中吸引一些较小的天体。"所以对于塞德娜和拜登来说，也可能存在一颗太阳系行星，在经过它们的时候吸引了它们，并且直到今天都在远处对它们施加控制。

塞德娜和拜登的相似之处似乎不止是它们所处的位置——当它们运行到距太阳最近的点时，它们与其他行星所呈的夹角的角度相近。谢泼德博士说："你也许会认为这些角度相近只是偶然事件。"他观察了另外 10 颗柯伊伯带星体，发现这些星体也出现了类似行为。他说："一种解释是，

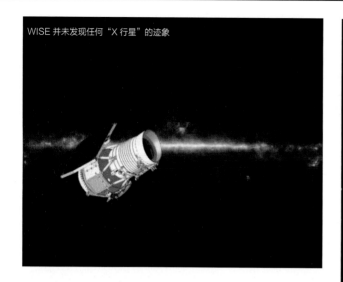

WISE 并未发现任何"X 行星"的迹象

在外太阳系，有一颗巨大的天体在看管这些星体。"根据他的计算，这个隐藏的星球可能是一个比地球重 10 倍的超级地球。

> **"一种解释是，在外太阳系，有一颗巨大的天体在看管这些星体。"**

探测方法

即使只是三种可能中的一种，但如果真存在另一颗行星，为什么我们没有发现这颗巨型行星呢？不管怎样，天文学家发现的地外行星数目都快接近 2000 颗了呀！

答案在于我们探测系外行星的方法。它们不是直接被观测到的，而是根据它们对母星的影响被探测到的。其中一些是因为它们在经过母星时造成了母星的亮度减弱。我们身处太阳和塞德娜、拜登的轨道之间，无法用同样的方法找寻外太阳系的行星。我们只能依靠这颗潜在行星从几十亿千米处反射回来的微弱光线来判断它是否存在。

超级地球和我们相距太远，即使用最先进的望远镜也无法观察到它。我们直到现在才发现拜登星，这还是由于拜登星在 4000 年的公转周期中运行了 40 年才能和地球离得够近，我们最先进的照相机才捕捉到了它。超级地球离我们的距离只会比这更远。在 2014 年初，NASA 公布了广域红外线巡天探测器（WISE）任务的结果，在距太阳 10000天文单位的范围内，探测器并没有找到"X 行星"。

WISE 找到的可能只是一颗体积和土星差不多或者更

阅神星引起了关于冥王星从行星名单中被除名问题的讨论

斯科特·谢泼德博士的问答时间

2012 VP113 的发现给太阳系添了一位新的家庭成员。

问：新发现的 2012 VP113 长什么样？

答：它的直径为 450 千米，颜色带点粉红。这表明它的表面主要是水冰和甲烷冰，可能还有一些岩石。

问：您正在寻找其他类似 2012 VP113 的行星。大概会有几个这样的行星呢？

答：根据我们找到这颗星的方式，我们推测还有 1000 颗左右直径为 1000 千米或更大的星球。而直径在 50 米内的估计会有上百万个。还有一些会像地球一样大，甚至更大。

问：VP113 星有什么特点最让你感到激动？

答：它的历史。它位于"无人之境"，而用我们目前所知的对太阳系的知识，你无法解释这一现象。所以过去肯定发生了一些与众不同的事。如果我们能知道 VP113 是怎么去到那里的，我们就能够对太阳系的形成方式和演化过程有更深的了解。

大的星球。所以，我们仍需发现更多"第九大行星"对其他天体的影响，从而搜集到更多关于它存在的证据。用这个办法，可能会找到新的行星。

19 世纪天文学家发现了天王星绕日轨道的异常现象。他们认为这可能是一颗遥远的行星引起的。于是望远镜瞄向了始作俑者所在的方向，结果在 1846 年，海王星被发现，行星的名单上又多了一位成员。随着望远镜变得越来越先进，海王星事件会不会重演呢？或许吧。不过历史也给我们讲述了下面这样一个不那么如人所愿的故事。

不规则的轨道

在海王星被发现前后，天文学家也注意到了水星轨道的异常状况。在 1826 至 1843 年的每一个晴天，德国天文学家塞缪尔·海因利希·史瓦贝（Samuel Heinrich Schwabe）对太阳表面做了大量记录，希望找到一颗比水星距太阳更近的行星。他并没有成功，虽然他的确成为第一个发现太阳活动周期为 11 年的科学家。

现代的天文学家需要找到更多像塞德娜和拜登这样的天体。有了对它们轨道的了解，科学家就能够确定或

艺术家对冥王星这颗不再是太阳系第九大行星的崎岖岩石表面的想象图

排除超级地球的存在。"如果我们能够找到 10 个这样的天体,那么我觉得我们能够对这些天体运行到目前所在位置的原因有更多的了解。"谢泼德博士这样说道。这样的一天也许不久后就会到来,他又补充:"我们已经有一批要跟进的选手名单了,所以我希望在未来一两年内我们会发现更多这类天体。"

即使最后结果证明我们没有另一颗被遗漏的行星,找到塞德娜和拜登以及其他类似星球为何运行到今天所在位置的原因也会成为了解附近星系

的珍贵线索。中国台湾"中央研究院"(Academia Sinica)的梅根·施万布(Megan Schwamb)博士说道:"它们构成了太阳系的一部分化石记录。我们需要像考古学家一样,用这些线索去挖掘历史。"

不管 X 行星是否存在,毫无疑问的是,太阳系还隐藏着太多秘密等待着我们去发掘。

科林·斯图尔特

最近的发现

对太阳系全景图的绘制依然在进行中。

2004 年妊神星

这颗星是奇怪的椭圆形,看起来不像星球,更像鸡蛋。它绕太阳一周需要 283 年。目前的理论认为它产生于太阳系早期的一次碰撞。

2005 年阋神星

阋神星比冥王星离太阳更远,它的体积应该比冥王星更大。被发现一年后,阋神星引发了科学家对冥王星是否应被降级为矮行星的争论。

2005 年鸟神星

这一矮行星是冥王星的发现者克莱德·汤博(Clyde Tombaugh)在 1930 年发现的,但直到 2005 年才得到官方认可。最初它的昵称是"复活节兔子"。

2013 年 2013FY27

这颗直径为 900 千米的星球和 2012 VP113 星是同时被发现的。它位于柯伊伯带之外的离散盘。离散盘也是阋神星的所在地。

2013 年 S/2004 N 1

行星周围的卫星也在不断被发现。2013 年,由于发现了 S/2004 N 1,海王星的已知卫星从 13 个变成了 14 个,但 S/2004 N 1 目前还没有一个正式的名字。

2014 年 2012 VP 113

这一位于外太阳系的粉色迷你星球让人们更加相信,在太阳系某处潜伏着一颗未知行星,它正等待着天文学家们去发现。

开普勒 -69c 是一颗系外超级地球。但是太阳系
内是不是也有一颗尚未被发现的超级地球呢?

改变行星的定义

最近的发现让我们重新审视行星的定义。

2006 年，冥王星被降级为矮行星，这成为了全球各国新闻头条。但为什么要做出这个改动呢？同年，在国际天文学联合会（International Astronomical Union ,IAU）于布拉格召开的一场会议中，天文学家齐聚会场，首次商讨该如何给出"行星"的官方定义。

会议出台了一些标准，但争议声很大。一个天体要成为行星，必须：

1. 围绕恒星旋转。

2. 体积足够大，能够靠自身引力形成球形外表，或达到"流体静力学平衡"（hydrostatic equilibrium）。

3. 能够将其他天体从自身轨道中清除。

任何非卫星的天体，只要满足前两条标准，就可以被算作矮行星。第三条标准就是冥王星没有达到的要求，因为它和其他几个天体共用一个轨道，这些天体被统称为冥族小天体。

太阳系中目前被 IAU 认可的矮行星共有五个：冥王星、阅神星、妊神星（Haumea）、鸟神星（Makemake）和谷神星。

超级地球的体积可能是地球体积的 10 倍

你问我答

宇宙飞船的内部构造是怎样的？

太空发射系统和"猎户座"即将前往红色星球。

NASA 的太空发射系统重达 70 吨，负载量几乎是前一代"太空梭"的三倍。最终，随着 SLS 设计的不断改进，科学家预计它的负载量会达到 130 吨。"猎户座"太空舱将搭载 SLS 升入太空，并且可以在近地轨道以外运行。

猎户座太空舱

1
飞行人员舱一共能容下四个人，比太空梭少三人。

2
返程隔热层位于"猎户座"的底部。

3
储水箱为宇航员提供饮用水，也为太空舱上的电子元件提供冷却水。

4
"猎户座"可以用对接接头与其他飞船对接

5
舱身侧面的推进器可以控制太空舱的"姿势"，也就是它面朝的方向。

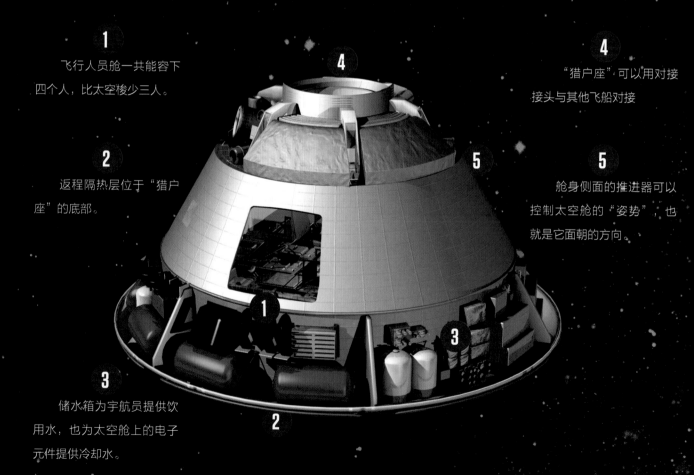

太空发射系统

1

太空发射系统的高度最初被定为 98 米，超过了 56 米高的太空梭。后期版本的火箭的高度被定为 117 米。

2

火箭中间的核心部分长 61 米，里面是燃料储箱和主引擎。火箭上的计算机将对燃料流量进行监控。

3

主引擎和太空梭使用的相同。SLS 中有四个这样的引擎，引擎中会被注入液态氢和液态氧，从而在发射时能产生超过 380 万千克的推动力。

4

助推火箭主要作用于起飞初期。本来 SLS 用的也是太空梭用过的助推火箭。而现在科学家正考虑对助推火箭进行改进。

5

火箭的上层部分装有两个新研发的氢/氧引擎，它将被放在火箭的核心部分之上，在太空深处承载更多的重量。

6

载人的猎户座太空舱位于火箭的最顶端。这一部分可以被改造成无人太空飞船，而 SLS 则成为一个自适应的"载重"发射器。

人类的火星登陆计划面临着什么样的挑战？

伊恩·克劳福德教授的问答时间

问："猎户座"太空舱有多重要？

答："猎户座"太空舱的重要性不言而喻，因为它是我们能力范围内唯一能把人带到近地轨道以外的航天器。在这之前，我们只能被困在地球轨道内，太阳系的其他地方我们都不能去。所以，作为飞离地球的第一步，"猎户座"是十分重要的。

问："猎户座"太空舱能被用来搭载宇航员前往火星吗？

答：猎户座本身的设计就决定它的载人航天任务只能维持几星期。这种性能远远无法把人带上火星，即使是到某颗近地小行星上，也无法做到。猎户座可以把人带上月球然后返回地球。所以说猎户座只是第一步。我们必须清楚，要送人上火星，我们需要的肯定不只是猎户座。

"在我们真正能登上火星之前，还需要开发许多其他技术、解决许多问题。"

"猎户座"的模型正在接受水中坠落测试。返回地球后，"猎户座"将落入大洋之中。

：那我们还需要什么呢？

：我们需要一个空间更大、抗力更强的转换飞行器，不过这发。为了成功登陆火星，必须航员在最多一年时间内的生命，而不是几个星期那么简单。所们真正能登上火星之前，还需许多其他技术、解决许多问题。

问：人类登陆火星面临的最大障碍是什么？

答：最终一切都要归结于资金和资源的问题。但在考虑资金之前，还需要国家有这方面的政治意愿。并且，我们还面临一些重大的技术问题。而我认为其中最大的问题是辐射的危险，尤其是太阳耀斑的辐射。如何才能保护宇航员使其不受辐射伤害是我们目前还没解决的一大难题。

伊恩·克劳福德（Ian Crawford）教授英国伦敦大学柏贝克学院行星科学专业教授。他已经当选为欧洲航天局载人航天及探索科学咨询委员会成员。

18

194

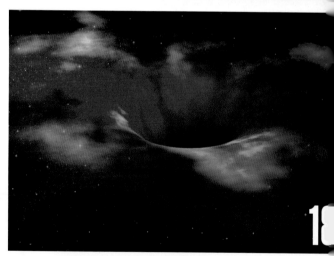

18

200

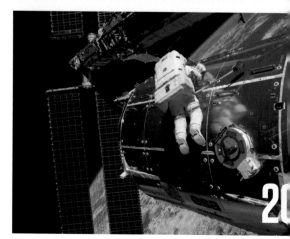

20

199

5 科幻小说 与科技

186	虫洞与星际之门
188	时空之旅：回到未来
190	摧毁行星的死亡射线
194	"睡神号"已着陆
196	遇见彗星
198	太空探险机器人
201	致命音室
202	国际空间站：太空上的合作
207	你问我答

191

190

196

虫洞与
星际之门

如果受制于光速，即使到达最近的恒星，也要花上数年的时间。但如果可以找到下文中所说的"星际之门"，即穿过一个虫洞，在宇宙中抄近道，那么星际旅行可能实现吗？

在经久不衰的《星际之门》（Stargate）电影和系列电视剧中，主人公们能够不依赖超光速宇宙飞船在宇宙间任意穿行。这是一部独具匠心的电影，独特的剧情设定既不需要花费大成本拍摄宇宙飞船的镜头，也更符合爱因斯坦的广义相对论。剧中的"星门"（一群来自远古的外星种族留下了这扇门，这个种族同时还建造了埃及金字塔）能够让人在瞬间到达宇宙的另一边。星门就是虫洞的入口，宇宙的捷径，利用星门可以快速穿行遥远的距离，同时不违反"人不能比光速度更快"的物理定律。

折叠时空

虽然我们从未观测到虫洞，爱因斯坦和纳森·罗森（Nathan Rosen）在 1935 年提出，宇宙中遥远的两个点之间可能存在"桥梁"，这是引力扭曲时空的结果。他们的想法是：如果你能找到一个折叠时空的方法，也许原本相距很远的两个地点之间的距离会骤然变短。这种景象就像从一座高耸、无法征服的高山的这头到达那一头，通常来说最快的路径是沿着山脚走——除非你建成一条穿越山体的隧道，而宇宙中的这条隧道就是虫洞。

史蒂芬·霍金教授的研究更为深入。他提出微小的亚原子虫洞可能自然存在于一堆量子泡沫中，也就是时空中一种亚原子结构。而问题是据我们了解，这些亚原子虫洞实在是太小、太不稳定了，因此无法形成任何能在星系间进行物质输送的系统的基础。

理查德·爱德华兹（Richard Edwards）

虫洞是宇宙的捷径，利用虫洞可以快速穿行遥远的距离，同时不违反爱因斯坦广义相对论。

从理论到实践

为何通过星际之门进行星际旅行对人类来说也许并非易事？

星门和虫洞给我们的第一印象也许是简单便捷的，但是要让星门和虫洞真正成为可行的星际旅行的捷径，我们还面临着许多阻碍。首先，如果你使用的不是霍金所称的自然生成的虫洞，你可能需要用自己的设备来弯曲时空。这可能需要黑洞级别的引力场，因此操作起来十分危险。

虫洞可能并不稳定，存在的时间也不够长。理论上，负能量能够让虫洞的两端固定，但这只是个猜想性质的概念。虫洞也许只能存在几分钟，所以除非我们能够扩大虫洞的入口和出口，否则人无法穿过虫洞进行星际旅行。电视剧中星际之门解决这个问题的方式是将入口处的旅行者变成能量，然后在另一端这些能量又被重组成人。

还有一个关于虫洞自身的问题——即使是让一个人经历这种重组，也需要海量的数据，即使是极其神速的网络在宇宙的有生之年也无法传输这么多的数据。

在《星际之门》电视剧中，由于人类在宇宙中发现了星门，星际旅行从此变成小菜一碟

时空之旅：回到未来

物理学定律并不排除时间旅行的可能，但也没有让时间旅行变得非常容易。怎样才能穿梭时空呢？请往下看。

时间旅行是完全有可能发生的，实际上，你可能已经体验过时间旅行的滋味了。你只是不知道自己当时是在做时间旅行罢了。爱因斯坦狭义相对论（也就是讨论运动速度接近光速的物体的理论）的结论之一，是当你相对于另一个物体运动时，时间会拉伸。实际上，比起那个"静止"的观察者，你的时间走得更慢一些。

好吧，现在我们要用到比秒小得多的时间单位了。假设有一对双胞胎，其中一个去澳大利亚后回来了，这个人比起另一个在家中没有外出的人来说，会稍微年轻一点——这对双胞胎其实是穿越到了未来。这种相对论效应看似微不足道，其实非常重要，因为这导致为了保证数据精确，全球定位系统（GPS）卫星上的原子钟每天都要调慢 40 微秒左右（1 微秒等于一百万分之一秒）。

单程票

一旦你的速度开始接近光速（接近 300000 千米 / 秒），这种相对论效应会变得越发明显。你的几天将是地球上的几千年。但是不要高兴得太早，因为使用时间机器存在一个问题，你的目的地可能只存在于未来，那么到了目的地之后你就永远回不到当初离开的地方了，这是查尔顿·赫斯顿（Charlton Heston）在电影《决战猩球》（Planet of the Apes）中扮演的角色遇到的情形。即使你能找到愿意进行这趟没有归途的时空旅行的宇航员，保证他们的生命安全也将是另一个难题。如果先接近光速，再把速度降到

其他有关时空旅行的理论

五种让时空旅行成为现实的方法，前提是你可以利用无限的资源。

以接近光速的速度运动

多亏有了爱因斯坦的狭义相对论，用接近光速的速度运动可以让你的时间比地球上其他人的时间走得更慢，这足够让你看到很远很远的未来了。

比光更快

自从 2011 年科学家对微中子的发现被证实是错误的以来，目前看来没有什么能快过光速了。然而，如果有办法能让运动速度超过光子，那么物体可能会改变在时空中运动的方式。

光速以下，要么需要非常漫长的时间，要么需要借助足够大的外力，而这个外力足以把人的身体打成一团果冻！

支持爱因斯坦理论的方程式并不排除回到过去的可能。

而回到过去，又对时间旅行提出了另一个全新的挑战，这还是在假设人类有可能回到过去的情况下。答案还是要从爱因斯坦的理论中找，不过这次是用广义相对论（也就是通过把时间和空间当作一个整体时空来解释重力的理论）。支持广义相对论的方程式并不排除回到过去的可能，即使要回到过去，需要我们目前的物理世界中从未观察到的现象和条件。但如果可以产生"负能量"（我们甚至不知道现实世界中能否有这种"异物质"），那么理论上我们可以造成时空向反方向弯曲。随后，如果再利用时空中两点之间的捷径——虫洞，我们也许真有可能在时间的两点间穿行。

真要谈到时间旅行，可不止《回到未来》中布朗博士只需发动他的 DeLorean 跑车就能穿梭时空那么简单……

理查德·爱德华兹

为了避免相对论效应，GPS（卫星需要每天都对原子钟进行小幅调整

甜甜圈形状的时间循环

黑洞周围的引力可以弯曲时空。如果你能在巨大的引力源周围创造一个时间循环，理论上你就能在这个"封闭的时间曲线"中来回穿梭。但你最多只能回到这个时间机器最初被建造的时候。

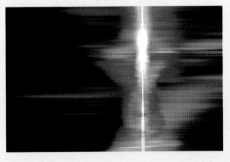

提普勒柱体（Tipler cylinder）

这个理论并不依赖黑洞周围的引力，而是要将质量是太阳 10 倍的物质，放入一个密度极高、极其狭长的柱体中，并且以每分钟几十亿次的速度旋转这个柱体。这样你就能扭曲足够多的时空，进行时空旅行了！是不是很简单！

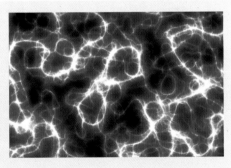

宇宙超弦

弦理论的办法可能更加晦涩高深。一些科学家相信宇宙超弦的存在。宇宙超弦呈狭窄管状，是一种拉伸后能延伸到整个宇宙的能量。如果两条宇宙超弦彼此之间离得足够近，可能会产生足以弯曲时空的质量。

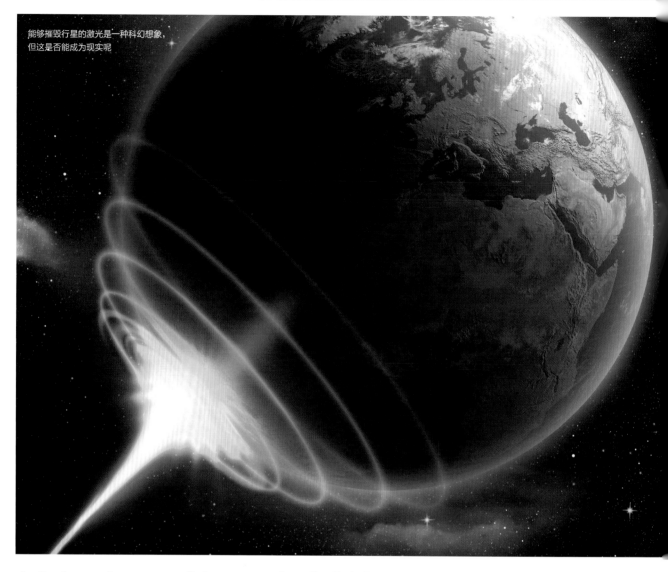

能够摧毁行星的激光是一种科幻想象，但这是否能成为现实呢

摧毁行星的死亡射线

多年以来，幻想用巨型太空武器炸毁行星一直是科幻小说家们非常喜爱的情节。但是这真的能发生吗？

《星球大战》中的汉·索罗（Han Solo）和楚巴卡在意外中遇到了一个小行星带引起的湍流，当时这位星际走私者和他浑身长满毛发的朋友无论如何也没想到，今后会一直与"死星"这个摧毁奥德兰星（Alderaan）的太空武器做斗争。但是，这样具有足以摧毁一个行星的能量的超级激光只在好莱坞电影里出现，还是真的存在呢？

第一个问题就是要产生足够的能量。就让我们以地球为例，英国莱斯特大学（University of Leicester）的一个科研团队经过计算得出，如果要破坏所有原子键，克服引力，你需要 2.25×10^{32} 焦耳的能量。

世界上最强大的激光束现存于加利福尼亚州的美国国家点火装置（National Ignition Facility）。2012年，该激光束发出了历史上最强的射线，一共 192 束激光，产生了 500 万亿瓦电力和 1.85 兆焦的能量。美国埃默里大学（Emory University）的物理学教授悉尼·波寇维兹（Sidney Perkowitz）乐于检验科幻作品中种种幻想存在于现实的可能性，他甚至还出过一本叫作《好莱坞的科学》的书。他计算出，如果要摧毁地球，需要连

美国国家点火装置的前置放大器——要增加激光束在射向靶心时的能量，前置放大器是第一步。国家点火装置在 2012 年 7 月 5 日发射的激光释放出了 500 万亿瓦的能量

续 120 亿年不断地发射上述的激光。或者，你也可以试着把 20 颗广岛原子弹的能量放到一个激光束那么狭窄的空间内。事实是，要摧毁一颗行星，你需要非常多的能量。

在《星球大战》中，为死星创造能量的是"超物质反应堆"，它的直径达到 16 千米。对于超物质反应堆的刻画是不太符合现实的，因为如果是像月球那么大的船，仅仅动一下就要消耗大量燃料，而死星上却似乎连燃料箱都没有，难道它还有另外的能量来源？对于这个问题的种种猜想中就涉及虫洞理论：创造一个人造虫洞，死星从固定的这一端吸收来自另一端的能量。然而，这个想象就像前面提到的"超物质"一样，离现实比较远了。

关于太空武器摧毁像奥德兰这样有 20 亿居民的星球的可能性，人们还有很多疑问。任何有生命居住的行星在形成后必须拥有引力，才能保持自身球体的形状。如果你用某个武器把星球劈成了两半，行星本身的引力也会把这两半再度合二为一。采用汽化的方式也同样带来许多问题。对一颗行星进行汽化以后，生命灭绝了，行星会变成气态。可是接下来随着行星的温度开始降低，它又会再度变成固体。

目前，地球和太阳系其他行星是安全的。不过得小心那些微型黑洞……

詹姆斯·威茨

采用汽化的方式也同样带来许多问题。

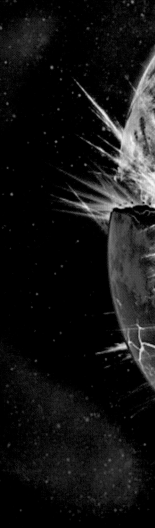

银幕上的星球末日

行星的某些特征让它们注定能存在很长时间。例如地球，就已经存在了 45 亿年，是一个重 5.98×10^{24} 千克、主要由铁组成的球体，它也经受住了好几次大型的小行星撞击。但这阻止不了我们插上想象的翅膀。以下是六部科幻作品中出现的摧毁行星的办法……

《星际迷航 2：可汗怒吼》（*Star Trek II: The Wrath of Khan*）

"创世鱼雷"是一种能通过把外星环境变成像地球一样，从而减轻地球的人口过剩以及食物短缺等问题的装置。它能让贫瘠的土地变得丰饶，是把不宜居的行星变成人类潜在属地的理想工具。不幸的是，由于使用了一种极不稳定的"原物质"，导致本该被改造的候选行星在几天内就被毁灭了。

《神秘博士：戴立克的追忆》（*Doctor Who: Remembrance of the Daleks*）

在这一集中，西尔维斯特·麦考伊（Sylvester McCoy）扮演博士的角色，片中他在一个殡仪馆中发现了"Omega 之手"（the Hand of Omega）。"Omega 之手"最初是用于利用恒星发出的能量进行时间旅行。然而，博士对它进行了操控，如果戴沃斯（Davros）和戴立克（Dalek）偷走了它，就会引发太阳的超新星爆炸。

《银河系漫游指南》（*The Hitchhiker's Guide to the Galaxy*）

沃刚建筑舰队（Vogon Constructor Fleet）瞄着阿瑟·邓特（Arthur Dent），在太空中盘旋，想要摧毁地球，创造一个超空间高速公路。沃刚人的拆迁射线所瞄准之处，不留片甲。但我们的主人公阿瑟·邓特被他的朋友福特·派法特（Ford Prefect）出手相救，逃过一劫。

《星际迷航：末日机器》（*Star Trek: The Doomsday Machine*）

柯克上校和史波克大副的时代，不仅仅是超光速旅行和瞬间移动的时代，也是世界末日即将来临的时代。一个由坚硬的"中子源"（neutronium）构成的巨大的锥形超级武器能够通过放射反质子束（antiproton beam）把行星打得粉碎，还能把行星碎片当作燃料。

《沙丘救世主》（*Dune Messiah*）

《沙丘救世主》是弗兰克·赫伯特六部"沙丘"系列小说中的第二本，这本小说中有一个词"原子武器"（atomics），指核武器。最危险的核武器叫作燃石器，能够释放"J射线"，这种射线能让行星四分五裂。

《星河战队》（*Starship Troopers*）

在这篇罗伯特·海莱因（Robert Heinlein）执笔的小说中，一颗拥有九个核聚变弹头的新星炸弹模型炸掉了 Joyous Exultation 星球的四分之一。小说中的理论是，如果炸弹在宇宙中爆炸，稀少的大气会加速能量的释放。

"睡神号"已着陆

NASA 的着陆器模型正在对探访远距离星球的技术进行测试。

不管在行星、卫星或是小行星上寻找安全的登陆地点，都不太容易。宇航员尼尔·阿姆斯特朗（Neil Armstrong）在 1969 年执行人类首次登月任务中对"阿波罗 11 号"（Apollo 11）进行人工操控后，深刻地感受到了这一点。随着我们进入宇宙更深处，我们无法保证总是有这么极具天赋的宇航员掌控设备，也无法每一次都对目的地星球的地形地貌了如指掌。而这正好是 NASA 实施"睡神号"计划的原因。

"睡神号"行星登陆器有三米宽，由四个推进剂贮箱、多台计算机、一个引擎和着陆装置组成。"睡神号"是一个登陆器模型，本身在太空中不会进行任何行动，而是一个测试平台，用于测试太空旅行的新技术，并且在我们目前无法绘制具体图像的天体上着陆。

2014 年 4 月，"睡神号"通过了位于佛罗里达州的肯尼迪航天中心（Kennedy Space Center）的着陆测试，在航天中心的一片危险区域成功着陆。这片区域是特意设计的，模仿岩质行星崎岖不平的表面，而"睡神号"之所以能安全着陆，多亏了它

的自动驾驶系统。这个系统叫作自主着陆障碍规避技术（Autonomous Landing Hazard Avoidance Technology, ALHAT），使用了激光和地形跟踪计算机对表面的地形进行绘图，不需要人类的操作就可自动为登陆器选择一处安全的着陆地点。有了激光，"睡神号"能在任何光线条件下工作，既能在着陆前对高海拔物体进行扫描，也能在着陆后进行近距离勘查。目前，ALHAT 系统能精准地监测到 5 度以上的斜坡以及高 30 厘米以上的岩石。

"睡神号"的另一个创新之处是对燃料的选择。睡神号按计划将依靠火箭引擎垂直起飞和降落，同时承载着 500 千克重的物体。以往，引擎燃烧的是从柴油以及液态氧中提取出来的燃料，但这样的燃料其实非常难以提取、运输和处理。因此，"睡神号"的引擎使用的是液态甲烷和氧的混合物，这种燃料更便于保存，并且在"睡神号"到达太空后，燃料还可以再度补充。这使得发射时需要的燃料大大减少，着陆器在天空中就能飞得更远。

伊恩·埃文登（Ian Evenden）

> 有了激光，睡神号能在任何光线条件下工作，既能在着陆前对高海拔物体进行扫描，也能在着陆后进行勘查。

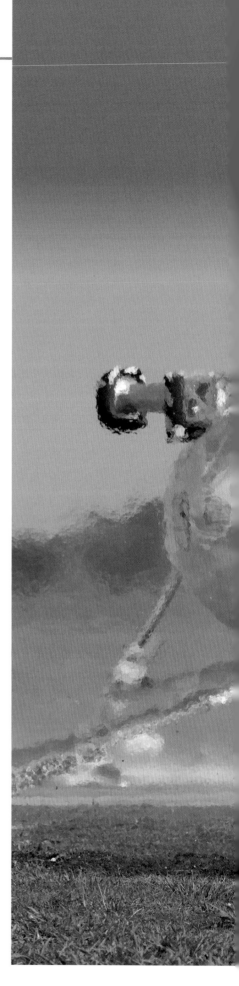

航空电子设备

睡神号的地形绘图计算机系统的功率出奇的低。系统的处理器是 IBM 公司和苹果公司联合生产的 PowerPC 处理器，这对于 1998 年的苹果电脑来说才算是高配置，而且它只能存储 16GB 的数据。然而，这台计算机却能防辐射，还能用液态甲烷将其冷却。

奇引擎

"睡神号"的火箭引擎发出的推动力 0 世纪 50 年代美国的歼击机的推动力多，与歼击机不同的是，"睡神号"的推动力是垂直朝下的，所以"睡神号"垂直起飞和着陆，同时还能调整推力度，实现任何方向的运动

燃料储箱

液态甲烷和液态氧的温度非常低，如果暴露在地球的气温下，马上就会沸腾蒸发，所以一旦储箱装满了燃料，就会拧紧阀门，防止燃料泄漏。测试人员会在 380 米外的安全距离用氮对储箱施加压力。如果确定储箱没有泄漏，就可以准备发射"睡神号"了

"睡神号"计划探访的重要目的地

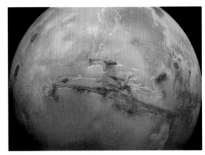

火星

火星表面既有平坦区域，也有崎岖的岩石。NASA 发射的"勇气号"（Spirit）和"机遇号"（Opportunity）火星车着陆时使用了缓冲气囊，但"睡神号"可以用火箭引擎控制降落过程。在地球上的测试中，"睡神号"成功地降落到离地表只有 9 厘米的位置。

木卫二

木卫二是"睡神号"的主要探测目标之一，可是木卫二上 10 米高的冰柱却是个问题。这些冰柱通常位于木卫二的赤道地区，但也可能出现在别处，所以"睡神号"的计算机在其接近预定着陆区时也会留意这些冰柱。

小行星

在太空中跌跌撞撞的小行星可能由于面对太阳的一面经常变化而导致表面温度不稳定。"睡神号"的激光能够对小行星进行扫描，从而在着陆过程中进行一些调整，保证自己在安全地点着陆。

遇见彗星

"罗塞塔号"宇宙飞船正靠近一颗彗星。通过"罗塞塔号"执行
的这个任务，我们可以增进对地球上水和生命起源的了解。

2014 年 8 月 6 日，欧洲航天局发射的"罗塞塔号"宇宙飞船到达了丘留莫夫－格拉西缅科彗星周围。这是一次历史性的会面，"罗塞塔号"从地球穿越了茫茫 4.05 亿千米，历经 10 年才见到了这颗彗星的真容。不过，这只是任务的第一阶段，随后，罗塞塔将绕这颗彗星运行一年多，并且首次向彗星表面放置探测器。

罗塞塔已经开始了人类有史以来对彗星最细致的分析。彗星这种冰冷的天体，通常是由于引力变化的影响，而从太阳系边缘被驱逐出去的，它们是太阳系形成时期留下的宇宙残骸。我们希望通过研究彗星，能进一步了解太阳系的起源，包括地球上水和生命的源头。

给地球送水

"太阳系尚处在幼儿期的时候，系内的行星遭受过许多次彗星撞击，科学家认为在这一时期，水被传送到了地球上，"负责"罗塞塔号"的科学家博士马特·泰勒（Matt Taylor）说道，"欧洲航天局的赫歇尔望远镜观测到的数据表明，柯伊伯带中彗星上的一定比例的氢同位素与地球海洋中的很相似，所以我们的世界与彗星应该有某种联系，这非常具有探索价值。"

通信

位于德国达姆施塔特（Darmstadt）的欧洲太空控制中心（European Space Operations Centre）控制着罗塞塔。由于罗塞塔和我们的距离太远，信号到达飞船要 50 分钟，所以罗塞塔的信号接收装置自动化程度很高，具有故障识别和故障恢复功能。飞船上装有固态储存器，能在无法联系到人造卫星时储存科研数据。

在罗塞塔到达彗星之后的 19 个月，随着彗星马上要到达近日点，也就是轨道上离太阳最近的点，罗塞塔将继续跟踪并监视这颗彗星。罗塞塔的设备会对彗星"尾巴"的成分进行分类整合。彗星内部的活跃物质受到太阳辐射，温度升高，这导致彗星身后拖着一个由气体和尘埃组成的尾巴。但罗塞塔的大部分数据来自菲莱登陆器（Philae），菲莱于 2014 年 11 月 12 日登陆丘留莫夫－格拉西缅科彗星，并在彗星表面进行探测，由于它离温暖的太阳足够远，所以依然能保持彗星表面相对稳定。

在一个完全不了解的地方着陆是非常危险和困难的，不过罗塞塔是做好了准备才来的。"在见到彗星后，我们会开始为期几个月的精确绘图，使用光谱与红外遥感系统（OSIRIS）照相机绘制 3D 地形图，工程师和科学家能够根据地形图筛选出可以登陆的地点，"泰勒博士当时说道，"在夏末或秋初的时候我们能够确定最终着陆地点。在这个过程中我们同时在靠近彗星，所以我们还可以测量引力，根据引力对飞船的航行进行调整。"

确定理想又可行的着陆地点将是一个严苛、艰难的过程。不过我们得到的科学回报也是巨大的。如果探测器的发现证实了我们早期的观测结论，即彗星上有丰富的复杂有机分子，例如构成生命的关键因素氨基酸，那么罗塞塔能够帮我们了解到生命和海洋是不是最初从某颗彗星传播到地球的。

艾利克斯·戴尔

我们希望通过研究彗星，进一步了解太阳系的起源。

指引罗塞塔朝目的地前进

罗塞塔中安装了许多设备，能够帮助它完成自身使命。

让罗塞塔朝着它遥远、不断移动的目标前进并不困难，但现在罗塞塔已经来到了彗星边上，真正的工作要开始了。以下是罗塞塔为追踪和研究丘留莫夫－格拉西缅科彗星使用的一些设备。

OSIRIS 照相机

罗塞塔的成像系统 OSIRIS 由两个照相机组成。第一个是一台窄角相机，它的作用是拍摄彗星的高清地形图，让科学家能找到菲莱着陆器的最佳着陆地点。另一台是广角照相机，它的作用是照出彗星附近的尘埃和气体。

罗塞塔宇宙飞船

螺旋冰锥

让探测器在一个引力像彗星这么小的物体上着陆是一个建造上的难题。菲莱着陆器将十分缓慢地降落，着陆速度为每秒一米。着陆器的鱼叉将引导它到达地面，就像在水中插鱼一样，同时每个鱼叉上还有可旋转的螺旋冰锥，用于固定，即使它降落在斜坡上，也不怕跌倒。

探测与测量

菲莱在着陆期间总共进行 10 个实验。菲莱上装有各种各样的探测器，用来研究彗星表面的化学成分、磁场以及热力性质。

菲莱探测器

太阳能电池

罗塞塔是第一个仅仅靠太阳便能到达主小行星带外执行太空任务的飞船。为了节省所需的能量，罗塞塔有一段 31 个月的"休眠期"。在休眠期，罗塞塔 14 米长的电池板离太阳太远，无法获得充足的太阳能。而现在彗星离太阳近了，电池板能够收集到足够的太阳能来启动罗塞塔了。

罗塞塔大事记

2014 年 1 月 20 日

罗塞塔从 2011 年 6 月 8 日开始的节能休眠中苏醒。

2014 年 8 月 8 日

罗塞塔到达目的地：丘留莫夫－格拉西缅科彗星。

2015 年 8 月 13 日

彗星运行到近日点所在的轨道段。在彗星到达近日点期间及离开近日点后，罗塞塔会对彗星的运行进行检测。

太空探险机器人

像人一样灵敏的人形机器人在国际空间站中已经占有一席之地。

和电影《地心引力》（Gravity）剧情恰好相反，目前还没有宇航员在太空中迷过路，但在太空中行走依然是一项耗时而危险的活动。在太空中，即使是小小的一片陶瓷也能划破太空服，减压症[①]更是十分危险，甚至还有你意想不到的情况——2013年意大利宇航员卢卡·帕米塔诺（Luca Parmitano）在太空行走过程中，由于航天服的冷却系统发生泄漏，头盔中灌满了水，导致他几乎窒息。但宇宙飞船在运行中经常需要有人对其外部进行损伤修复或根据太阳的情况进行外部调整，因此太空行走是宇航员无法避免的危险。不过在不久后，90%的维修任务将由一种新的机器人承担，这种机器人既有解决问题的能力，又有近乎人类的灵敏度。

有一个这样的机器人已经登上了国际空间站，它就是"机器人宇航员2号"（Robonaut 2, R2）。机器人宇航员2号是NASA和通用汽车公司（General Motors）联合研发的，是一个从头到腰部都模仿人类外表的人形机器人，它的手的功能性和动作灵活性几乎能达到真人的水平。R2机器人的手之所以要模仿人类手的外形和动作，是因为这样可以不使用特殊连接器。它能够使用和我们一样的工具，也能够像我们一样换下空气过滤设备，而不需要再特意更改过滤设备的设计。

机器人的援助之手

R2目前位于国际空间站命运号实验舱的一个基架上，执行一些类似清理扶手这样的简单任务。空间站人员可以遥控R2，但它并不需要人类一直监视它的一举一动。R2体内有人工智能系统，因此它能解决许多简单问题，渐渐地也能完成一些复杂的任务。

右图是俄罗斯的SAR-401空间机器人，它是根据"机器人宇航员"的设计而研发的，但与"机器人宇航员"比又有一些显著的差异：它的电子元件是为能够在空间站外工作而设计的。SAR-401由俄罗斯Android Technics公司代表俄罗斯联邦航天局研发，将于不久后登上国际空间站，与R2共同工作。

艾利克斯·戴尔

> 不过在不久后，90%的国际空间站维修任务将由一种新的机器人承担，这种机器人既有解决问题的能力，又有近乎人类的灵敏度。

[①] 减压症：宇航员进行太空漫步，或舱外活动时，宇航服内的压力较舱内压力低，容易引发减压症。

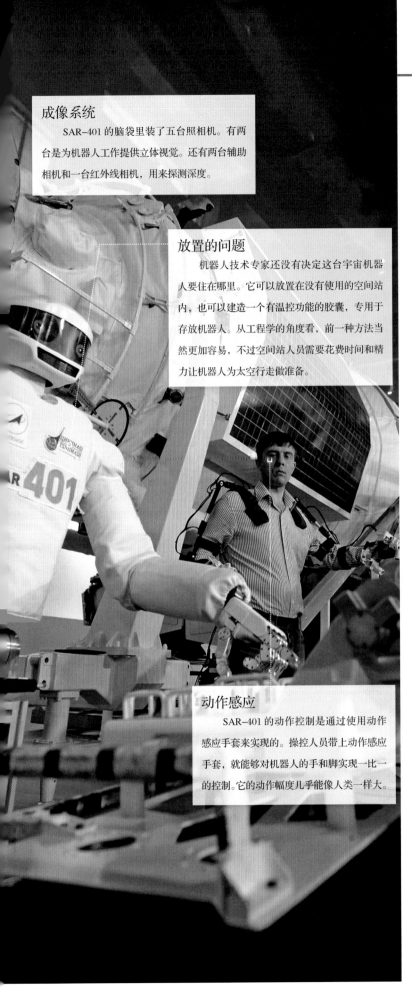

成像系统

SAR-401 的脑袋里装了五台照相机。有两台是为机器人工作提供立体视觉。还有两台辅助相机和一台红外线相机，用来探测深度。

放置的问题

机器人技术专家还没有决定这台宇宙机器人要住在哪里。它可以放置在没有使用的空间站内，也可以建造一个有温控功能的胶囊，专用于存放机器人。从工程学的角度看，前一种方法当然更加容易，不过空间站人员需要花费时间和精力让机器人为太空行走做准备。

动作感应

SAR-401 的动作控制是通过使用动作感应手套来实现的。操控人员带上动作感应手套，就能够对机器人的手和脚实现一比一的控制。它的动作幅度几乎能像人类一样大。

SAR-401 的机器人同事们

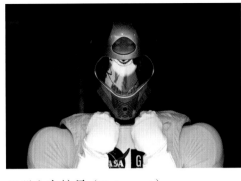

机器人宇航员（Robonaut）

虽然国际空间站上的"机器人宇航员2号"还在接受测试，但是这一系列的机器人最终将执行深入太空的探索任务，包括在火星和其卫星上登陆。"机器人宇航员"没有腿，但是能够用轮子在表面行走，它就像一个侦察兵，能够为人类的火星之旅开路。

Dextre

Dextre 也叫"加拿大手"，它有两条机械臂，能够在宇航员睡觉时在空间站外执行任务，例如更换电池和相机。它通过搭载大型机械臂"加拿大臂2号"才能四处活动。

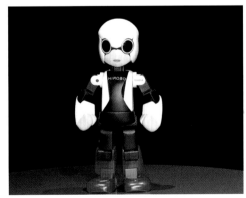

Kirobo

日本研发的太空机器人叫作 Kirobo，它是一个具有声音及语言识别功能的机器人，身高33厘米。Kirobo 的主要功能是研究人与机器如何互动，从而帮助我们深入了解机器人在未来的太空任务中对人的协助作用。

致命音室

欧洲航天局（ESA）有欧洲最响的音响系统。它发出的声音太嘈杂了，人耳是无法忍受的，但很适合用来对宇宙飞船进行压力测试。

重金属音乐爱好者听到这个消息可能会很高兴：欧洲航天局的工程师已经开发出了欧洲最响的音响系统。但是如果他们真的听到了这个系统发出的声音，可能就不会那么高兴了，因为这声音是"致命"的。

ESA 表示，没有人能够忍受大型欧洲声学设备（Large European Acoustic Facility ,LEAF）音室发出的高达 154 分贝的声音。这种声音就像有好几台直升机同时在你身旁起飞。通过从四台巨大的喇叭中抽送氮，音室能够发出巨大的声响。

ESA 位 于 荷 兰 诺 德 维 克（Noordwijk）的欧洲空间研究与技术中心（ESTEC research centre），正计划将 LEAF 的最高音量提高到158.5 分贝。158.5 分贝是什么概念？人耳听到 85 分贝以上的声音就会造成听力损害。

LEAF 音室周围是钢筋混凝土做成的墙，墙外还包裹着一层环氧树脂，这种材料能够反射声音，可以使室内的音场保持均匀。在激活 LEAF 系统之前，音室必须保持密封状态，这样才能保证没人能受到超高分贝的噪音轰炸。

LEAF 系统的科学家用这个音室来测试宇宙飞船及其有效负荷，例如人造卫星能否经受住火箭发射时强烈的噪音和振动。音室发出的声音能够模拟飞船点火时火箭引擎发出的音高和声压级。

欧 洲 全 球 导 航 卫 星 系 统（European Global Navigation Satellite System），别称"伽利略"，是欧洲研发的高分辨率全球定位系统，目前尚在研发期。这个卫星系统 2013年就经历了 LEAF 的测试。

"测试中的噪音级别达到了140.7 分贝，音量几乎和你站在 25 米开外看着直升机起飞时听到的音量一样，"欧洲测试服务中心（European Test Service）的格奥尔格·多伊奇（Georg Deutsch）说道，"这个测试中用到的液氮流速最多能达到每秒3.5~4千克。液氮由液氮罐车输送过来，经过汽化后，从喇叭中通过。我们估计这次测试用掉了整个罐车的液氮。"

安迪·凯利（Andy Kelly）

音室必须密封，这样才能保证没人受到巨大声响的轰炸。

国际空间站：
太空上的合作

在太空中建造运行速度达到每秒 7.5 千米的科学实验室代表了现代最艰巨的工程学挑战，但是全球展开了前所未有的高度国际合作，让这个宏大的梦想成为了现实。

国际空间站（International Space Station, ISS）能够在 400 千米的高空以每小时 27000 千米的速度飞驰，是人类制造出的最昂贵的物品。国际空间站用自身证明，当各个国家共同合作时，能够取得巨大的进展。国际空间站是特殊的研究实验室，能够容纳六个人在其中生活，NASA 称之为"人类进行的最复杂的科学和技术探索"。它并不是第一个人造的太空空间，却是目前为止最大的人造卫星，能够为宇航员连续提供 13 年的生活物资和生存空间。国际空间站能被制造出来的唯一原因，就是许多国家参与到了国际合作中，共同努力创造出这个巨大的科研场所、实现工程学上的奇迹。

空间站宽达 109 米，长 73 米，比普通足球场面积还要大，重量则达

到了 400 多吨。除了体积大得惊人，ISS 的运行速度约为子弹的 8 倍，绕整个地球一圈仅需 90 分钟左右。由于体积巨大，所以空间站在海平线上是肉眼可见的。然而，你必须在对的时间和对的地点才能观察到它。

超越国界

1993 年，人们开始真正考虑建造国际空间站，当时俄罗斯联邦航天局（Russian Federal Space Agency）、欧洲航天局（ESA）和 NASA 开始将各自的空间站计划合并在一起，以避免其中一个国家承担高昂的研发成本。加拿大和日本也为 ISS 的最终建造做出了贡献，这为国际合作做出了榜样，在当时是很罕见的。据估计，迄今为止，空间站至少已经花费了 1500 多亿美元。

在近地轨道上生活和工作

ISS 上的宇航员们处在一个微重力的世界中，他们的生活与我们有些不一样。

在太空中的日常生活并不是和地球上截然不同，但是总有一些特殊情况。大多数食物都是装在真空密封的容器中，被宇航员煮过后，才是相对正常的食物。宇航员吃东西也需要非常小心，遗留下一点点食物，都有可能进入空气过滤设备中，从而引发故障。宇航员可以正常地刷牙，但他们必须把牙膏吞进肚子里。他们还用海绵洗澡，这样洗澡只要少量的水就够了，因为水珠会附着在身体上。空间站的厕所在排泄物飘浮到空中之前就会把它们吸走。

空间站的失重环境可能对宇航员的健康造成影响，比如肌肉和骨质的长期退化等。ISS 也有预防这一问题的设备，包括模拟重力训练来锻炼肌肉的设备，还有跑步机，宇航员必须拿弹力绳把自己绑在机器上才能跑步。

宇航员每天在很小的床铺上睡大约 8 小时，大多数工作日工作 10 小时，还能剩下一点空闲时间。

工程师佩吉·惠特森（Peggy Whitson）与指挥官瓦莱里·科尔尊（Valery Korzun），身边有几个失重的汉堡

Dexter 是一个两臂的机器人，它可以与其他机械臂一起帮助维修 ISS 的外部

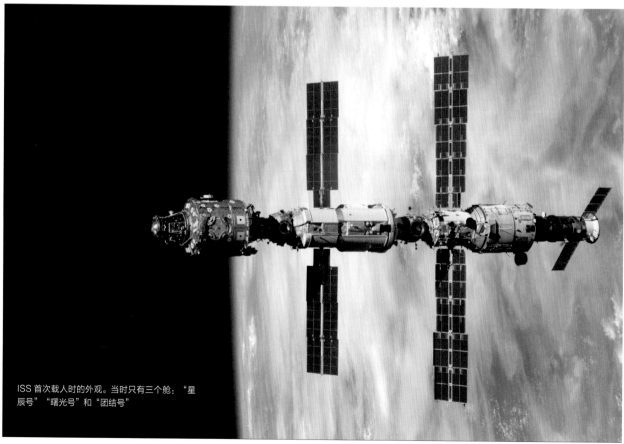

ISS 首次载人时的外观。当时只有三个舱："星辰号""曙光号"和"团结号"

工程师克里斯·卡西迪（Chris Cassidy）正在穹顶舱内欣赏地球，穹顶舱的窗户是空间站上最大的

只有依靠舱化设计，才能成功建造 ISS，通俗地说就是先把它的各个部分都带上轨道，然后在太空中进行组装。在轨道上建造空间站的工作始于 1998 年，第一批宇航员则是 2000 年 11 月 2 日才到达空间站。最初，空间站只有三个部分，不久后又增加了综合桁架结构（Integrated Truss Structure）。桁架结构是巨大而又排列的横梁，能够托住 ISS 绝大部分太阳能板。它的两侧还装有面积达 408 平方米的巨大太阳能电池板，就像一对翅膀，电池板总共可以提供超过 60 千瓦的电力，足够地球上 30 户家庭使用了。自从第一批成员到达，又陆续在空间站上增加了许多舱，有好几个舱专用于科学研究。

虽说宇航员生活在失重的空间站内，引力实际上是地球海平面上引力的 90% 左右。所谓的"零重力"的说法其实并不准确，因为失重的效果只有在空间站在绕地球运行时处于持续自由下落的状态时才会出现。这种微重力环境已经被用来在疫苗、人类骨骼疾病，以及癌症治疗等领域进行实验。ISS 上的设备甚至已经检测到了可以证明暗物质存在的分子，虽然暗物质目前仅存在于我们的猜想中，它是否真实存在并没有得到证实，但是这一发现也许最后会成为我们对宇宙了解的一个巨大进步。

> **ISS 上的设备甚至已经检测到了可以证明暗物质存在的分子。**

安全第一

因为身处近地轨道，地球磁场的保护作用弱一些，所以 ISS 可以容纳一些分子探测实验。然而，这也让住在空间站内的宇航员更易受到宇宙辐射的伤害。ISS 还是受到地球磁场很大程度上的保护的，但宇航员受到的背景电离辐射（background ionising radiation）比在地球上多，不过地面会对此进行严格监测，所以辐射量依然处于安全范围。ISS 也更容易受到太阳耀斑的影响，不过就算太阳耀斑的辐射能引发严重的健康问题，宇航员都身处空间站内，所以他们很安全。

对 ISS 最大的关注之一来自人造太空残骸和微小陨石对 ISS 的伤害。地面人员会对大型物体进行跟踪，空

图为目前 ISS 的外观,它装有巨大的
太阳能电池板和先进的科研舱

间站本身也能调整轨道来避免这些威胁,但也不是万无一失。空间站的运行速度是 27000 千米 / 小时,用这个速度几乎可以在一天内往返地球,那么即使是微小的碎片撞击也能给空间站造成灾难性的后果,所以空间站配备了保护盾。保护盾的科技含量其实非常低:空间站有一半的船体周身套上了铝制保护罩,可以把太空残骸粉碎成尘埃;另一半则覆盖着蜂巢状的塑料、金属和玻璃。

ISS 会一直运行到 2020 年,在此期间会增加新的太空舱,替换掉旧的部分。当它的使命结束后,它会脱离轨道,在大气层中燃烧,不过其中一些舱可能会脱离这个空间站,连接到新的空间站上。新空间站应该会用于组装人造行星间宇宙飞船,所以,国际空间站的使命结束后,还能帮助我们开启更加宏大的探索太阳系的旅途。

马修·博尔顿

ISS 上
各种各样的太空舱

ISS 由多个太空舱组成,在太空舱中什么事都能做,从科学实验到睡觉。以下是一些最重要的舱。

"星辰号"(Zvezda)服务舱

这个舱也叫作 DOS-8 舱。它由俄罗斯制造,是第三个组装到空间站的太空舱。"星辰号"加入后,空间站才能供人居住。"星辰号"中有氧气过滤装置、先进的通信系统、睡眠区、卫生间以及健身设备,还有用于调整轨道的引擎。

"希望号"(Kibo)服务舱

它的正式名称是"日本实验舱",主要用于进行科研,在 2008 年加入了空间站。在太空站内部和大片的外部区域,也就是所谓的"暴露设施"(Exposed Facility),"希望号"都在进行着一系列重要的实验。"希望号"是至今为止最大的太空舱。

你问我答

太空中建房子会更容易吗？

在太空中建房子是可以实现的，但要真正建起来却相当困难。国际空间站（ISS）的宇航员在太空中光是行走就要花上数个小时，更别提建房子的过程需要耗费多少年了。在另一颗资源丰富的星球上建房子比起在地球上建造有好处也有坏处。重力减小意味着搬运重物更加容易了，但是要替房子打框却更难了。砖头变得轻了，但由于其他一些大气因素，要想把砖头砌牢却更加困难。在太空上建房子的建筑工人不仅要像地球上的建筑工人一样拥有强健的体魄，还要具备宇航员的灵敏矫健和体能。

丽贝卡·霍金斯（Rebecca Hawkins）
英国，布里斯托尔

"哥伦布号"（Columbus）实验舱

该实验舱由欧洲航天局制造，被用于进行各种研究活动。该实验舱和 ISS 几个其他部分共同为综合设备平台——国际标准载荷架（international standard payload rack）的安装提供支持。自发射以来，该实验舱中又增加了好几个组件。

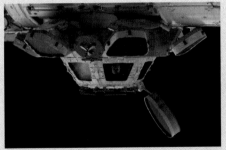

穹顶舱（Cupola）

在这一观测舱中可以用 360 度的视角看地球，同时也可以透过 80 厘米宽的主窗看到地球，这是人造宇宙飞船中用过的最大的窗户了。宇航员可以在穹顶舱内检查空间站外部进行的工作，同时观察对接飞船的到达和脱离。

"命运号"（Destiny）实验舱

NASA 制造的这一实验舱包含一系列生命支持和科学研究系统。和"哥伦布号"类似，"命运号"的载荷架可以被重新配置以用于进行新的实验。它最著名的特点是设有一个 51 厘米宽的纯光学窗，通过这个窗口，空间站的宇航员已经拍摄到了许多极具科研价值的地球的照片。